仁者无敌
面积法

巧思妙解学几何

彭翕成　张景中

著

人民邮电出版社

北　京

图书在版编目（CIP）数据

仁者无敌面积法：巧思妙解学几何 / 彭翕成，张景
中著. -- 北京 : 人民邮电出版社，2022.8
ISBN 978-7-115-58982-8

Ⅰ. ①仁… Ⅱ. ①彭… ②张… Ⅲ. ①几何—普及读
物 Ⅳ. ①O18-49

中国版本图书馆CIP数据核字(2022)第048962号

内 容 提 要

面积法是一种有着悠久历史的传统方法。近几十年来，面积法体系得到了进一步的发展，焕发出新的生命力，如今已成为平面几何中的基本方法，甚至成为解决很多几何难题的通法。

本书介绍了用面积法解题的基本工具(共边定理和共角定理)以及指导思想(消点法)，并辅以大量例题来说明用面积法解题的有效性。另外，书中还介绍了面积法与勾股定理、托勒密定理等的关系，以及面积法在不等式、三角等多个数学分支中的应用本书以面积法为主线，串接了许多有趣的数学内容，适合中小学师生以及数学爱好者阅读。

我们很高兴看到读者对我们的认可。现在，我们对这本书进行了完善并重新出版，希望能对你学习几何有一点帮助。

- ◆ 著　　　　彭翕成　张景中
　　责任编辑　刘　朋
　　责任印制　陈　犇
- ◆ 人民邮电出版社出版发行　　北京市丰台区成寿寺路 11 号
　　邮编　100164　　电子邮件　315@ptpress.com.cn
　　网址　https://www.ptpress.com.cn
　　固安县铭成印刷有限公司印刷
- ◆ 开本：720×960　1/16
　　印张：16.75　　　　　　　　2022 年 8 月第 1 版
　　字数：245 千字　　　　　　 2025 年 5 月河北第 10 次印刷

定价：69.90 元

读者服务热线：**(010)81055410**　印装质量热线：**(010)81055316**
反盗版热线：**(010)81055315**

序 ▶▶▶

情有独钟面积法

我对面积法有着很深厚的感情，因为面积法伴随了我 40 多年的科研和科普工作．说对它情有独钟，一点也不为过．

20 世纪 70 年代，我在给中学生讲课以及后来做竞赛题的时候发现面积法非常有用．当时曾寻找过关于面积法的资料，但只发现了零散的一些，没有找到系统的论述．

80 年代初，上海教育出版社的编辑向我约稿．我就把那几年关于面积法的一些想法写成一本小册子《面积关系帮你解题》．这本小册子多次印刷，流传甚广．

现在回过头来看，我发现自己当初的一些想法还不太完善，有些解题过程走了弯路．但不管怎么说，从那本书开始，在以后出版的几乎每本科普书里，我都会涉及面积法．

1986 年，在著名数学家吴文俊先生的影响下，我开始从事数学机械化领域的研究，我把面积法这一古老的解题方法与当时最前沿的科学研究联系起来，竟然有了意外的收获，创建了可构造等式型几何可读证明自动生成理论和方法，并在计算机上实现了．对于我来说，这实属侥幸，同时我也更坚信面积法的威力．

从 1974 年到 1992 年，我用面积法研究几何 18 年，发现其中的关键是消点．消点法实现了可读机器证明的突破，但当时根本没有想到还有可读性更强的点几何恒等式方法，这种方法竟然使大量几何题的解答比题目本身还要简短．在古老的初等几何领域居然还能发现这种新奇而高效的方法，数学的丰富多彩令人惊讶！

现在，几乎所有的平面几何资料都把面积法作为基本解题方法来介绍，我感到欣慰，这也许和自己做的普及工作有关，但在中小学教科书中，还很少看到面积法的踪影．我总认为面积法的作用还可以发挥得更大一些．近年来，基于对面积法的思考，我提出了"下放三角"的几何改革思路，即利用单位菱形的面积定义正弦，从而展开初等数学体系．有兴趣的读者可以看看我写的《一线串通的初等数学》．在那里，你会看到面积法已经不仅仅是解题的利器，而且是建立初等数学体系的中央枢纽．

为了更好地方便中小学的老师与学生了解和学习面积法，我和助手彭翁成博士合作编写了《仁者无敌面积法》．本书第 1 版由上海教育出版社出版，出版后被一些学校和机构指定为几何入门的必备资料．我们很高兴看到读者对我们如此认可．今天，我们对这本书进行了完善并重新出版，期待能对你学习几何知识有所帮助．

本书介绍的题目很多，我们收集、整理、排列这些题目花费了不少功夫，但书中仍难免有错漏之处，欢迎读者来信批评指正．通常在三个工作日内，您可以得到回复．

彭翁成：pxc417@126.com（电子邮箱），13720152511（微信）.

张景中

2022 年 3 月 1 日

《仁者无敌面积法》释题

《论语》有云:"智者乐水,仁者乐山;智者动,仁者静;智者乐,仁者寿." 仁者心境平静,豁达开朗,宽容仁厚,能从山水之中找到自己的欢乐,坦然面对人生,自然长寿!

梁惠王曾向孟子请教治国之道,孟子回答道:"勇者无惧,智者无惑,诚者有信,仁者无敌!"仁者无敌,是指有仁爱之心的人无敌于天下.

今天,仁者无敌已经是一个意思相当稳定的成语.

本书书名则另有解释,仁者寿,与世无争;面积法历史悠久,用仁者为喻比较形象.长期以来,面积法没有受到足够的重视,直到数学机械化的研究工作深入之后,我们才发现古老的面积法能够形成解题的算法,并且所得的机器证明是可读的,从而结束了几何证题无定法的局面.因此,说仁者无敌面积法,有其道理.

金庸先生在《倚天屠龙记》中写道:

便在这万籁俱寂的一刹那间,张无忌突然间记起了《九阳真经》中的几句话:"他强由他强,清风拂山冈;他横任他横,明月照大江."他在幽谷中诵读这几句经文之时,始终不明其中之理,这时候猛地里想起,以灭绝师太之强横狠恶,自己绝非其敌,照着《九阳真经》中的要义,似乎不论敌人如何强猛、如何凶恶,尽可当他是清风拂山,明月映江,虽能加于我身,却不能有丝毫损伤,然则如何方能不损我身？经文下面说道："他自狠来他自恶，我自一口真气足."
　　面积消点法已然达此种境界. 不管题目如何复杂，如何来的，就如何去！

目录 ▶▶▶

第1章 ▶▶▶
面积法与勾股定理

1.1   面积法的起源

利用面积关系来说明数学中的某些恒等式、不等式，或证明某些定理，这是一种古老而又年轻的方法.

说它古老，是因为早在 3000 多年前几何学还没形成一门系统学科时，人们已经会用这种方法来解决某些问题了.

说它年轻，是因为直到今天，人们并没有给它足够的重视，这种方法的潜力远没有得到发挥，虽然它广泛的、五花八门的用途已经逐步被各种竞赛教材所吸收，但还很少在教科书、教学参考书和各种学生读物中得到系统的阐述.

几何学的产生源于人们对土地面积测量的需要，任何一本关于数学史的通俗读物差不多都记载着这样的故事：在古埃及，尼罗河每年定期泛滥，洪水带来了尼罗河肥沃的淤积泥土，这为人们在干旱的沙漠地区种植农作物提供了很好的条件.这也带来了一个问题，洪水在带来肥沃土壤的同时，也抹掉了田地之间的界限标志.洪水消退后，人们要重新画出田地的界限，这就必须丈量和计算田地的面积.年复一年，这就积累了最基本的几何知识.

这样看来，从一开始，几何学就和面积结下不解之缘."几何"的英文是

"geometry"，这个单词的字头"geo-"便含有土地的意思.

利用面积关系证明几何定理，最早的例子是勾股定理的证明. 勾股定理是几何学中的一颗璀璨明珠，历史悠久，证法繁多. 千百年来，人们对它的探讨从未停止过，不断提出新的证法，其中既有著名的数学家，也有业余的数学爱好者；既有普通的老百姓，也有尊贵的政要权贵，甚至有国家总统.

图 1-1 和图 1-2 都是勾股定理的经典证明. 图 1-1 取自赵爽（三国时代人，生活于公元 3 世纪）注《周髀算经》（1213 年宋版），该证法一般被称为赵爽弦图证法. 图 1-2 取自徐光启、利玛窦合译的《几何原本》，该证法一般被称为欧几里得证法.

2002 年 8 月 20 日至 28 日，世界数学家大会在北京召开，大会所使用的会标（见图 1-3）就是根据赵爽弦图设计的.

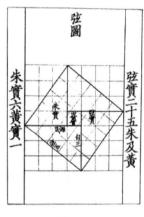
图 1-1

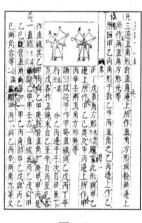
图 1-2

图 1-3

勾股定理相当重要，被称为几何学的基石. 经过人们的不断探索研究，据说到现在，勾股定理已经有 400 多种证法了，无疑成为数学中证法最多的定理.

勾股定理被发现之后，数学家们除了不断寻找新证法，也在寻找应用.

勾股定理的一个直接应用就是古希腊几何学家希波克拉底发现的月牙定理. 如图 1-4 所示，直角三角形的面积等于两个月牙的面积之和.

就是这么一个简单的图形掀起了很大的风波，误导了很多数学爱好者.

月牙形是曲线形．直角三角形是直线形，直
线和曲线是如此不同，因此很容易使人产生错
觉，似乎直线形的面积不可能等于曲线形的面
积．然而希波克拉底的这个月牙图形证明了直线
形的面积是完全可能等于曲线形的面积的．这在
数学发展的初期对开阔人们的眼界有着极大的意

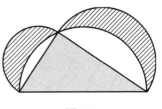

图 1-4

义．同时，月牙图形的出现也让很多数学研究者，包括希波克拉底本人在内，陷
入了一个死胡同——他们"坚信"化圆为方问题是可以实现的．其实，希波克
拉底只是解决了化月牙形为方这一特殊情况，而该方法很难推广至解决直线形和
曲线形等的面积转化的一般情况．

古代数学，不管是东方还是西方，都擅长用几何图形来说明问题．这可看作
无字证明（without words proof）的源头．在很大程度上，这是由当时代数研究不
系统、缺乏方便使用的符号工具造成的．图 1-5 是月牙定理的图形证明，多个图
形连在一起，生动再现了面积转化的过程，十分直观．如果利用现代信息技术，
譬如用网络画板（www. netpad. net. cn）做成动画形式，或以 GIF 格式的动态图
片展示，则更有趣了．

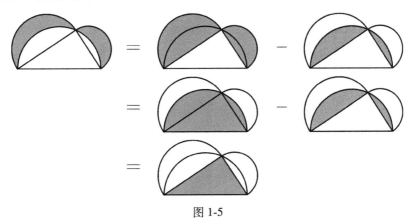

图 1-5

有关面积割补的证明大多可以采用图形证明的方法．图 1-6 和图 1-7 将多幅
图形连在一起，构成勾股定理的动画证明．这两种证明多次用到了等底等高的平

行四边形的面积相等.

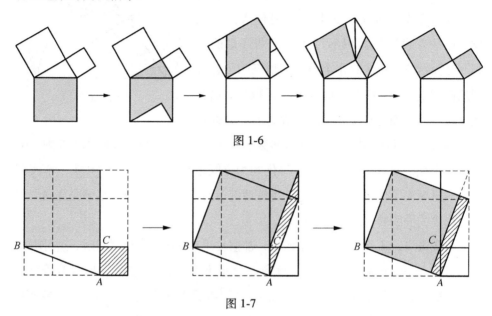

图 1-6

图 1-7

而化圆为方问题实质上等价于用直尺圆规作出线段 π 的问题. 1882 年，法国数学家林德曼证明了 π 是超越数，而尺规作图所能完成的线段的长度是代数数，所以化圆为方问题是尺规作图所不能完成的.

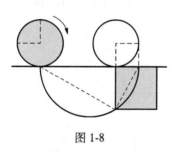

图 1-8

假若不受尺规作图的限制，化圆为方并非难事. 如图 1-8 所示，将一个半径为 R 的圆滚动半圈，得到的正方形的面积与圆的面积相等. 设正方形的边长为 a，根据射影定理可得

$$a^2 = \pi R \cdot R = \pi R^2.$$

勾股定理的证明方法很多，但多数来之不易，可谓是古今中外数学爱好者集体智慧的结晶. 很多巧证都是人们冥思苦想出来的. 在本书中，我们会给出两种批量生成勾股定理证明的方法，一种是拿两个三角形拼摆，另一种则需借助计算机（见附录），所得证法之多，让人惊讶.

1.2　勾股定理的拼摆证明

下面讨论勾股定理的拼摆证明.

如图 1-9 所示,以 Rt△ABC 的三边为边长向外作三个正方形,其中 ∠ACB = 90°,AB = c,AC = b,BC = a,作 CN⊥IH,CN 交 AB 于点 K. 据说欧几里得就是利用此图形证明勾股定理的. 易证 △EAB[①]≌△CAH(可将 △CAH 看作由 △EAB 旋转而成),进而可得 $S_{正方形ACDE} = S_{矩形AHNK}$,同理可得 $S_{正方形BFGC} = S_{矩形KNIB}$,所以

$$S_{正方形AHIB} = S_{正方形ACDE} + S_{正方形BFGC},\quad c^2 = b^2 + a^2.$$

此处还有一个副产品:由 $S_{正方形ACDE} = S_{矩形AHNK}$ 得 $AC^2 = AK \cdot AB$,无须用到相似,轻松可得射影定理.

假若 △ABC 是锐角三角形呢? 如图 1-10 所示,△ABC 的三条高的延长线将三个正方形分为 6 个矩形,而且面积两两相等,则

$$S_{矩形BFMJ} = S_{矩形BLPE} = ac\cos B,$$

$$S_{矩形MGCJ} = S_{矩形CHNK} = ab\cos C,$$

$$S_{矩形KNIA} = S_{矩形LADP} = bc\cos A,$$

所以

$$b^2 + c^2 = 2bc\cos A + ac\cos B + ab\cos C = 2bc\cos A + a^2.$$

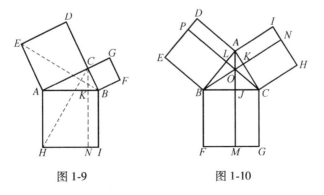

图 1-9　　　　　　　图 1-10

---

① 为简洁起见,本书中类似于连接 EB 之类的辅助线不特别指明.

轻松可得余弦定理

$$a^2 = b^2 + c^2 - 2bc\cos A.$$

若将图 1-10 加以变化，深入探究，还会有新的收获．

如图 1-11 所示，从点 D 出发向斜边 AB 作垂线段 DK．显然可以从图 1-11 中抽取出图 1-12，由作图可知 $DK \perp AB$，易证 $\triangle ABC \cong \triangle DLC$，从而 $BC = LC$，$AB = DL$．由面积关系

$$S_{\triangle BCL} + S_{\triangle ACD} = S_{四边形ALBD}$$

得

$$\frac{1}{2}BC \cdot LC + \frac{1}{2}AC \cdot DC = \frac{1}{2}AB \cdot DL,$$

$$\frac{1}{2}a^2 + \frac{1}{2}b^2 = \frac{1}{2}c^2, \quad 即 \ a^2 + b^2 = c^2.$$

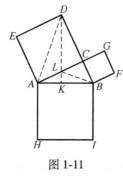
图 1-11

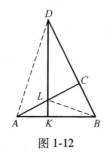
图 1-12

这一证明应该引起我们的重视和反思．勾股定理研究的是直角三角形三边之间的关系，这一关系与直角三角形的三边上是否存在正方形无关．长期以来，我们总是不自觉地由数的方（平方）联想到形的方（正方形）．去掉正方形，从图 1-11 中抽取出图 1-12，图形显得简洁多了，$\triangle DLC$ 可以看作是由 $\triangle ABC$ 绕点 C 顺时针旋转 $90°$ 而得到的．

如果我们用动态的眼光看图 1-12，那么就会得到更多的勾股定理证明方法．

考虑到看图的习惯，首先将图 1-12 转变成图 1-13 的形式，其本质是一样的．如图 1-13 所示，将 $\text{Rt}\triangle ABC$ 绕点 C 逆时针旋转 $90°$ 得到 $\text{Rt}\triangle DEC$，由

$$S_{\triangle ECB} + S_{\triangle ACD} = S_{四边形BEAD},$$

得

$$\frac{1}{2}a^2+\frac{1}{2}b^2=\frac{1}{2}c^2，\text{即 } a^2+b^2=c^2.$$

将图 1-13 中的 Rt$\triangle CDE$ 按 $\overrightarrow{EC}$ 平移，得到图 1-14. 由
$$S_{\triangle CDB}+S_{\triangle CAD}=S_{\text{四边形}CADB}，$$

得

$$\frac{1}{2}a^2+\frac{1}{2}b^2=\frac{1}{2}c^2，\text{即 } a^2+b^2=c^2.$$

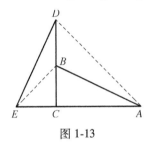

图 1-13

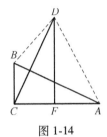

图 1-14

将图 1-14 中的 Rt$\triangle CDF$ 再平移一点，得到图 1-15. 由
$$S_{\triangle EFB}+S_{\text{四边形}FADB}=S_{\text{四边形}EADB}，$$

得

$$a^2+b^2=c^2.$$

将图 1-13 中的 Rt$\triangle CDE$ 沿 $\overrightarrow{CA}$ 平移，得到图 1-16. 由
$$S_{\triangle ABE}+S_{\triangle ABD}=S_{\text{四边形}ADBE}，$$

得

$$a^2+b^2=c^2.$$

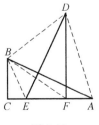

图 1-15

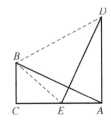

图 1-16

将图 1-13 中的 $\text{Rt}\triangle CDE$ 按 $\overrightarrow{EA}$ 平移，得到图 1-17. 图 1-17 所示就是通常所说的总统证法，也可看作赵爽弦图证法所用图形取半.

图 1-18 是赵爽弦图，此图其实包含了勾股定理的两种证法. 把图 1-18 中外部的正方形去掉，得到图 1-19. 对于图 1-19，常规的证明如下：

$$AB^2 = 4\times\frac{1}{2}AF\times BF+\left(AF-BF\right)^2,$$

化简，得

$$AB^2 = AF^2+BF^2.$$

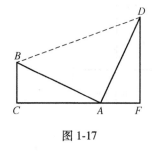

图 1-17

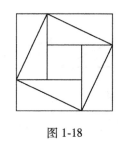

图 1-18

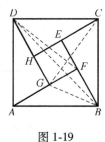

图 1-19

从另一个角度来看，因为

$$S_{\triangle CDG}+S_{\triangle ABG}=\frac{1}{2}S_{\text{正方形}ABCD},$$

所以

$$\frac{1}{2}CH\cdot DG+\frac{1}{2}AG\cdot BF=\frac{1}{2}AB^2,$$

即

$$AB^2 = AF^2+BF^2.$$

这一证明的好处就是无须用到平方和公式，小学生都能接受.

对于图 1-19，我们还可以这样分析.

$$S_{\triangle ABD} = S_{\triangle ADG}+S_{\triangle BDG}+S_{\triangle ABG}$$

$$= S_{\triangle ADG}+S_{\triangle FDG}+S_{\triangle ABG}$$

$$= S_{\triangle ADF}+S_{\triangle ABG},$$

即

$$\frac{1}{2}AB^2 = \frac{1}{2}AF \cdot DG + \frac{1}{2}AG \cdot BF,$$

即

$$AB^2 = AF^2 + BF^2.$$

将图 1-19 中的 Rt△AGD 平移一点，得到图 1-20. 由

$$S_{\triangle TAC} + S_{\triangle BRS} = S_{\triangle TAS} + S_{\triangle TSC} + S_{\triangle BRS}$$
$$= S_{四边形TARB},$$

得

$$a^2 + b^2 = c^2.$$

将图 1-20 中的 Rt△RST 再平移一点，使得点 S 与点 C
重合，得到图 1-13. 这就说明欧几里得证法和赵爽弦图证
法本质上都可以看作两个直角三角形的拼摆，东西方两种
经典的证明由此联系，合为一体.

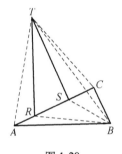

图 1-20

这说明证明勾股定理并不需要花心思构造太复杂的图
形，拿两个完全一样的直角三角形拼摆，再根据面积关系
就能简单证明了，而且证法是多种多样的.

直角三角形的三边符合勾股定理，这本是一个天然的性质，却需要另外一个
"自我"才能证明. 就好像有人寄东西给你，当你去邮局取时，自己却不能证明
自己的身份，此时身份证就成了你的另一个"自我".

下面再给出勾股定理的两种拼摆证法.

如图 1-21 所示，不妨设 $b>a$ ，由 $S_{\triangle ABB'} + S_{\triangle BCB'} = S_{\triangle ABC} + S_{\triangle ACB'}$
得

$$\frac{1}{2}c^2 + \frac{1}{2}a(b-a) = \frac{1}{2}ab + \frac{1}{2}b^2,$$

所以

$$a^2 + b^2 = c^2.$$

如图 1-22 所示，作 $C'B' \perp CB$，则

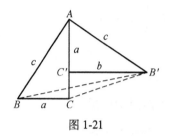

图 1-21

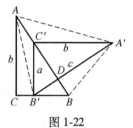

图 1-22

$$BB' = \frac{a^2}{b}, \ A'D = \frac{b^2}{c},$$

由

$$S_{四边形AB'BA'} = S_{\triangle AB'B} + S_{\triangle ABA'},$$

得

$$\frac{1}{2}c^2 = \frac{1}{2} \cdot \frac{a^2}{b} \cdot b + \frac{1}{2} \cdot \frac{b^2}{c} \cdot c,$$

所以

$$a^2 + b^2 = c^2.$$

1.3 勾股定理的分割证明

图 1-23、图 1-24 和图 1-25 都是勾股定理的经典分割证明．这些证明无需文字说明，一看即明．

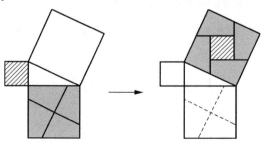

图 1-23

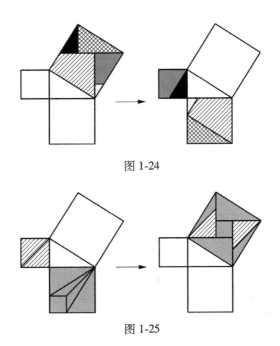

图 1-24

图 1-25

　　勾股定理的证法繁多，让人目不暇接．这些证法到底是怎么想出来的呢？这真的称得上数学考古的难题．因为只有极少数证法在数学史上有极简略的记载，大多数证法的作者是谁都已经无法考证，更何况还原当初作者的想法．

　　在初等数学的探究中，重复发现是不可避免的．重复发现者的想法或动机可能与最初发现者的有所不同，如果真实记录下来，若干年后或许也能给人们一点启发．

　　笔者注意到：在绝大多数情况下，用分割法证明勾股定理时都是以直角三角形的三边为边，向外作三个正方形之后再分割，图 1-23 至图 1-25 皆是如此．可能是向三角形内作正方形会造成图形重叠，所以一般都是向外作正方形．向内作正方形行不行呢？

　　图 1-26 中的三个正方形都是朝三角形内部．初看起来，难以证明勾股定理，而探究后发现，存在简单证明．受欧几里得证明的启发，在图 1-27 中过点 C 作垂线交 AB、ED 于点 J、K，易证 $\triangle EAC \cong \triangle BAF$（或将 $\triangle BAF$ 看作由 $\triangle EAC$ 绕点 A 顺时针旋转 $90°$ 而得到），所以

$$S_{\triangle EAC}=S_{\triangle BAF}, \quad S_{\text{四边形}AJKE}=S_{\text{正方形}AFGC}.$$

同理可得

$$S_{\triangle DBC}=S_{\triangle ABI}=S_{\triangle HBI}, \quad S_{\text{矩形}JBDK}=S_{\text{正方形}IBCH}.$$

所以

$$S_{\text{正方形}ABDE}=S_{\text{正方形}AFGC}+S_{\text{正方形}IBCH},$$

即

$$c^2=b^2+a^2.$$

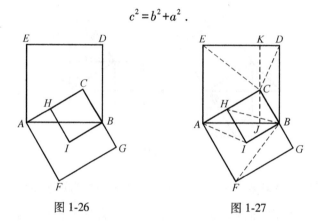

图 1-26   图 1-27

这说明正方形重叠的担忧是多余的．若把图 1-27 中的两个小正方形换转一下方向，可得图 1-28，证明过程几乎一样，图形显得更自然．究其本质，图 1-28 或许就是一些资料提供的图 1-29，两者是相通的．

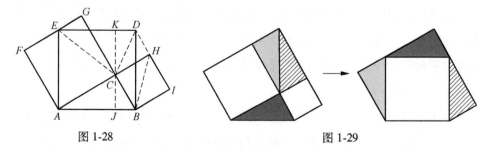

图 1-28   图 1-29

如果认为图 1-27 的证明需要用文字，不如图 1-29 "无字胜有字"，我们就可以稍加变化，得到图 1-30 的无字证明．

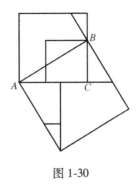

图 1-30

此探究的最大意义不在于提供几种新证法，而是想说明：当我们遇到一些感觉上不太合理的约束时，应该想想这个规定一定要遵守吗，否则又会怎样？

1.4　赵爽弦图的应用举例

赵爽弦图是经典的勾股定理构图方法，值得深入探究．在我国古代的数学典籍中，就有用赵爽弦图来解方程的记载．

解方程：$\begin{cases} x_1 + x_2 = a, \\ x_1 x_2 = b. \end{cases}$

如图 1-31 所示，设 $x_1 < x_2$，则 $(x_2 - x_1)^2 = a^2 - 4b$，从而

$$x_1 = \frac{a - \sqrt{a^2 - 4b}}{2}, \quad x_2 = \frac{a + \sqrt{a^2 - 4b}}{2}.$$

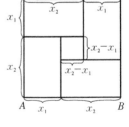

图 1-31

例 1　有一个长方形，长与宽的比是 $5:2$，对角线长为 29，求这个长方形的面积．

初中解法　设长方形的长和宽分别为 $5x$ 和 $2x$，则

$$(5x)^2 + (2x)^2 = 29^2, \text{ 解得 } x^2 = 29.$$

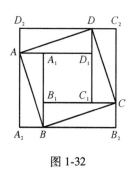

图 1-32

那么长方形的面积等于 $(5x)\cdot(2x)=10x^2=290$.

小学解法 用四个完全一样的长方形拼成弦图的形式（见图 1-32），此时图中出现了一个边长为 29 的正方形 $ABCD$，$S_{正方形ABCD}=29^2$. 注意到条件 $DD_2:AD_2=5:2$，把 DD_2 看成 5 份，AD_2 看成 2 份，那么长方形 AD_1DD_2 的面积是 5×2，即 10 个面积单位. 直角 $\triangle AD_1D$ 的面积是 5 个面积单位；正方形 $A_1B_1C_1D_1$ 的面积是 (5−2)×(5−2)，即 9 个面积单位；正方形 $ABCD$ 的面积是 5×4+9，即 29 个面积单位. 因为一个面积单位是 $29^2\div29=29$，所以长方形 AD_1DD_2 的面积是 29×10=290.

例 2 如图 1-33 所示，从一个正方形木板上锯下宽为 0.5 的长方形木条后，剩下的长方形的面积为 5，问锯下的长方形木条的面积是多少？

初中解法 设正方形的边长为 x，则

$$x^2=5+0.5x，解得 x=2.5.$$

所以，锯下的长方形木条的面积为 2.5×0.5=1.25.

小学解法 如图 1-34 所示，用四个完全一样的长方形木条拼成弦图的形式，中间的小正方形的边长等于原长方形的长与宽之差（即 0.5），整个大正方形的面积为 $5\times4+0.5^2=20.25=4.5^2$，原长方形的长与宽之和为 4.5，所以其长为 2.5，宽为 2，锯下的长方形面积为 2.5×0.5=1.25.

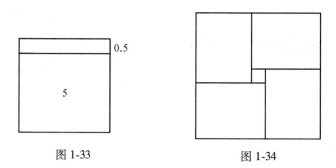

图 1-33　　　　　　　　　图 1-34

例 3　用同样大小的长方形纸片（宽是 12）摆出图 1-35，求图中阴影部分的面积．

解　显然我们需要先求出纸片的长．从第一行和第二行容易看出 5 个"长"等于 3 个"长"加 3 个"宽"，也就是 2 个"长"等于 3 个"宽"，所以纸片的长为 $12 \times \dfrac{3}{2} = 18$，阴影部分的面积为

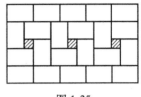

$$(18-12)^2 \times 3 = 108.$$

图 1-35

例 4　如图 1-36 所示，正方形的边长为 10，线段 AB 的端点在这个正方形的两条邻边上，在点 A 下面 3 个单位处作水平线，在点 B 左边 2 个单位处作垂直线，分别与对边相交得到点 C、D，求四边形 $ABCD$ 的面积．

解　可以采用设未知数的方法．如图 1-37 所示，设未知数 x 和 y，则

$$S_{四边形ABCD} = 100 - \frac{1}{2}xy - \frac{1}{2}(10-y)(x-3) -$$

$$\frac{1}{2}(8-y)(13-x) - \frac{1}{2}(y+2)(10-x) = 53.$$

仔细观察之后，我们发现还有更简单的解法．如图 1-38 所示，对四边形 $ABCD$ 进行分割，发现四边形 $ABCD$ 比正方形的其余部分多出一个矩形，这个矩形的长、宽分别为 3、2，面积为 6，所以

$$S_{四边形ABCD} = \frac{1}{2}(100+6) = 53.$$

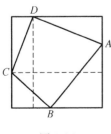

图 1-36

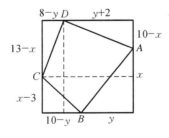

图 1-37

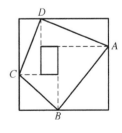

图 1-38

例 5 如图 1-39 所示，等腰梯形 $ABCD$ 的上底 AD 为 23，下底 BC 为 35，四边形 $CFED$ 是正方形，求 $\triangle ADE$ 的面积 $S_{\triangle ADE}$．

解 欲求 $S_{\triangle ADE}$，需要知道 $\triangle ADE$ 的底和高，而底边 AD 的长度已知，故只要求出高即可．

如图 1-40 所示，作 EG 垂直于 AD 的延长线，DH 垂直于 BC，并将正方形 $CFED$ 补成弦图，容易看出

$$\triangle DGE \cong \triangle DHC,\ GE = HC.$$

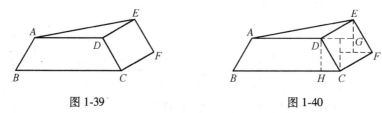

图 1-39 图 1-40

又根据等腰梯形的性质，可以求得 $HC = \dfrac{1}{2}(35-23) = 6$，则

$$S_{\triangle ADE} = \frac{1}{2}AD \cdot EG = \frac{1}{2} \times 23 \times 6 = 69.$$

例 6 从勾股定理到正弦定理．

勾股定理的代数表示形式是 $a^2 + b^2 = c^2$，从数的"方"（平方）联想形的"方"（正方形），不难想到要以 $\mathrm{Rt}\triangle ABC$ 的各边为边作正方形 $BAED$、$CBFG$ 和 $ACHI$（见图 1-41），于是有

$$S_{正方形BAED} = S_{正方形CBFG} + S_{正方形ACHI}.$$

这个图形太常见，太普通了，我们可以做点变化，适当加点东西，譬如连接 EI、HG、FD．

在图 1-41 中，观察图形中的面积关系，很容易看出 $S_{\triangle ABC} = S_{\triangle HCG}$．我们是不是可以猜想，有更多的三角形面积相等呢？譬如 $S_{\triangle ABC}$ 与 $S_{\triangle BDF}$ 相等．根据三角形面积公式 $S = \dfrac{1}{2}ah$，因为 $AB = BD$，所以考虑两个三角形分别以 AB 和 BD 为底边，作出对应的高线 CJ 和 FL，只需证明 $CJ = FL$，便可将问题转化为证明

$\triangle CJB \cong \triangle FLB$（见图 1-42）．因为 $\angle JBC = \angle LBF$（与同角互余的两角相等），$CB = FB$，所以 $\triangle CJB \cong \triangle FLB$. 同理，可以证明 $S_{\triangle ABC} = S_{\triangle AIE}$．所以

$$S_{\triangle ABC} = S_{\triangle HCG} = S_{\triangle BDF} = S_{\triangle AIE}.$$

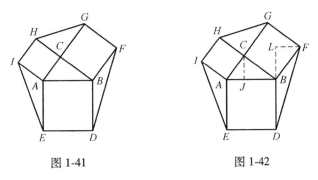

图 1-41　　　　　　　　　　　　图 1-42

如果作更多的垂线段（见图 1-43），就可以证明 Rt $\triangle GPF$、Rt $\triangle CNG$、Rt $\triangle BMC$、Rt $\triangle FLB$ 的面积都相等．图 1-43 看起来和赵爽弦图有点关系，但又不完全像，因为传统的赵爽弦图是以直角三角形的斜边为边的正方形．

我们在正方形 $AEDB$ 中构造赵爽弦图（见图 1-44），可以得到 $S_{\triangle ABC} = S_{\triangle BDF}$．另一种证法就是分别过点 A 和 D 作 BC 的平行线，再分别过点 B 和 E 作 AC 的平行线，四条直线交于点 M、J、K 和 L. 易证 $\triangle ABC$ 与正方形 $AEDB$ 中的四个三角形都全等，从而

$$BJ = BC = BF, \quad S_{\triangle ABC} = S_{\triangle DBJ} = S_{\triangle BDF},$$
$$AL = AC = AI, \quad S_{\triangle ABC} = S_{\triangle AEL} = S_{\triangle AIE}.$$

所以

$$S_{\triangle ABC} = S_{\triangle HCG} = S_{\triangle BDF} = S_{\triangle AIE}.$$

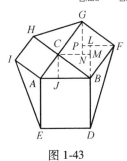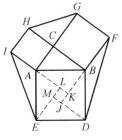

图 1-43　　　　　　　　　　　　图 1-44

细心的读者会发现，在前面的证明过程中，根本没有用到∠$ACB=90°$这一条件．这就是说，即使△ABC不是直角三角形，上述三角形面积相等的结论也是成立的，证明过程也一样．这与由正弦定理得出的结论是一致的．

在例6的启发下，我们可以得到勾股定理的另外两种证明．

如图1-45所示，显然五边形$ABFJE$可以看作由五边形$HILCK$沿$\overrightarrow{HA}$平移得到．因为

$$S_{\triangle JDC}=S_{\triangle AKH}, \quad S_{\triangle CGJ}=S_{\triangle ILB},$$

所以

$$S_{正方形ACDE}+S_{正方形BFGC}+S_{\triangle ABC}=S_{\triangle ABC}+S_{正方形AHIB},$$

即

$$a^2+b^2=c^2.$$

如图1-46所示，根据面积关系，得

$$(a+2b)(2a+b)=a^2+b^2+c^2+3ab+4\times\frac{1}{2}ab,$$

化简，得

$$a^2+b^2=c^2.$$

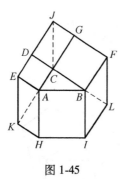

图 1-45

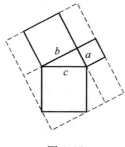

图 1-46

例 7 日本神庙中的一个数学问题．

在日本古代，神庙的梁柱上常刻有一些数学问题，这类问题的文字通常很少，主要用图形说话，图1-47就是一个例子．它是一个由5个正方形所搭成的庙宇平面

图，T 与 S 分别代表所在三角形与正方形的面积，试写出 T 与 S 的关系式.

我们在图中标上字母，得到下面的问题：如图 1-48 所示，C 是直线 AB 外的一点，D 是 AB 上的一点，以 CD 为边作正方形 $CDEF$，G、H 分别是 C、E 在 AB 上的射影，分别以 GC、EH 为边作正方形 $GCIJ$、$EHKL$，再分别以 IF、FL 为边作正方形 $IFMN$、$FLPQ$，求证 $S_{\triangle MFQ} = S_{正方形 CDEF}$.

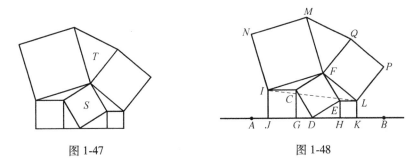

图 1-47　　　　　　　　　　图 1-48

图中有一个极其重要的几何关系 $S_{\triangle GDC} = S_{\triangle HED}$，很多题目都用到了这一点.

解法 1　设 $JG = a$，$HK = b$，连接 IL，因为

$$S_{五边形 IJKLF} = a^2 + b^2 + (a^2 + b^2) + 4 \times \frac{1}{2}ab,$$

$$S_{四边形 IJKL} = \frac{1}{2}(a+b)(2a+2b).$$

所以

$$S_{\triangle MFQ} = S_{\triangle ILF} = S_{五边形 IJKLF} - S_{四边形 IJKL} = a^2 + b^2 = S_{正方形 CDEF}.$$

解法 2　如图 1-49 所示，设 $JG = a$，$HK = b$，作 $LT \perp IJ$，$FR \perp LT$，$IS \perp FR$，连接 IL、TF，则

$$S_{\triangle MFQ} = S_{\triangle ILF} = S_{\triangle ITF} + S_{\triangle TLF} - S_{\triangle ITL}$$

$$= \frac{1}{2} \times 2a(a-b) + \frac{1}{2}a(2a+2b) -$$

$$\frac{1}{2}(a-b)(2a+2b)$$

$$= a^2 + b^2 = S_{正方形 CDEF}.$$

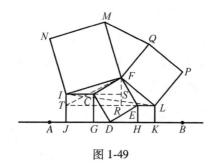

图 1-49

其实，此题中还隐藏着其他几何关系，譬如

$$S_{正方形IFMN} + S_{正方形FLPQ} = 5\left(S_{正方形HKLE} + S_{正方形JGCI}\right)$$
$$= 5S_{正方形CDEF} = 5S_{\triangle MFQ},$$

其证明也不复杂：

$$IF^2 + LF^2 = (2a)^2 + b^2 + (2b)^2 + a^2 = 5(a^2 + b^2).$$

第**2**章 ▸▸▸
共边定理、共角定理和消点法

2.1 共边定理

有些问题看似平凡无奇，但仔细想想，会有新的收获．

图 2-1 给出了两个三角形 $\triangle PAB$ 和 $\triangle QAB$，那么 $\triangle PAB$ 的面积是 $\triangle QAB$ 的几倍？

这个问题不难解答．$\triangle PAB$ 和 $\triangle QAB$ 共底，因此两个三角形的面积之比就是它们的高之比．作出两个三角形的高（见图 2-2），可得 $\dfrac{S_{\triangle PAB}}{S_{\triangle QAB}} = \dfrac{PD}{QE}$．那么我们要做的工作就是作两条高，测量两次，做一次计算．

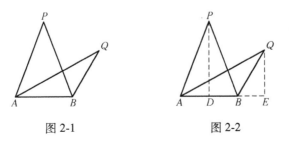

图 2-1   图 2-2

有没有更简单的办法呢？作高往往是尺子一摆，随手作出，很可能出现较大误差．能否避免作高呢？办法也是有的．如图 2-3 所示，延长 PQ、AB，使之相

交于点 M，则有 $\dfrac{S_{\triangle PAB}}{S_{\triangle QAB}}=\dfrac{PM}{QM}$ 成立．这是为什么呢？

学过三角形相似的读者很快就会发现 $\triangle PDM \backsim \triangle QEM$，因而有 $\dfrac{PD}{QE}=\dfrac{PM}{QM}$．那么没有学过相似三角形的读者能否弄明白其中的道理呢？办法仍是有的．在直线 AB 上取一点 N，连接 PN、QN（见图 2-4），使得 $MN=AB$，于是 $\dfrac{S_{\triangle PAB}}{S_{\triangle QAB}}=\dfrac{S_{\triangle PNM}}{S_{\triangle QNM}}=$ $\dfrac{PM}{QM}$．这里用到了"同高三角形的面积之比等于它们的底之比"．如果我们把 PM 看作 $\triangle PNM$ 的底，把 QM 看作 $\triangle QNM$ 的底，那么 $\triangle PNM$ 和 $\triangle QNM$ 就成了同高三角形，只不过它们的公共高没有画出来而已．

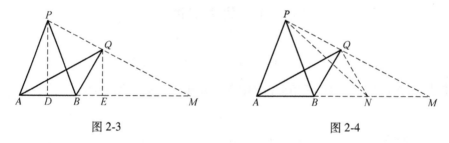

图 2-3   图 2-4

回顾我们的思考过程，从中可以获得一些有益的启示．

（1）不要放过那些表面上看似寻常的问题，它们的背后也许还有很多你没弄明白的东西．

（2）找到一种解决方法的时候，不妨再想想有没有什么更简单、更高明的办法．

（3）对于更简单、更高明的办法，也许要用到更多的数学知识才能理解其中的奥妙．不妨进一步想想能否用更少、更基本的知识来说明它．你可以尝试讲给别人听，看他们能不能很好地理解．

问题并没有结束，我们还可以举一反三．图 2-1 中画出了两个三角形 $\triangle PAB$ 和 $\triangle QAB$，其特点是有一条公共边 AB．但是，有公共边的两个三角形的位置关系并不一定像图 2-1 那样，情形是多种多样的．下面我们给出一个定理．

共边定理 若直线 AB 和 PQ 相交于点 M（见图 2-5，有四种情形），则

$$\frac{S_{\triangle PAB}}{S_{\triangle QAB}} = \frac{PM}{QM}.$$

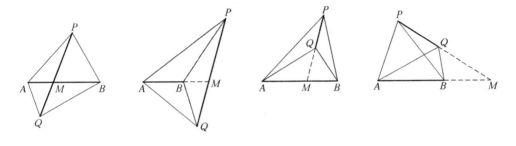

图 2-5

可能有读者认为这四种情形的证明应该分开写，那多麻烦！其实不必紧张，该定理的证明过程和前面的推理完全一样，一字不改，照搬就是.

证明 在直线 AB 上取一点 N，使得 $MN = AB$，则 $\triangle PMN$ 与 $\triangle QMN$ 共高，有

$$\frac{S_{\triangle PAB}}{S_{\triangle QAB}} = \frac{S_{\triangle PMN}}{S_{\triangle QMN}} = \frac{PM}{QM}.$$

从本质上讲，共边定理是"等底等高的三角形面积相等"这一性质的推论. 看似只是稍微前进了一步，但它的用途相当大，下面仅举几个简单例子. 共边定理在本书当中占有相当重要的地位，后面的章节将反复用到此定理，请务必熟悉上述四种情形.

例 1 如图 2-6 所示，已知平行四边形 $ABCD$ 的两条对角线 AC、BD 交于点 O，求证：$AO = CO$.

证明 因为 $\dfrac{AO}{CO} = \dfrac{S_{\triangle ABD}}{S_{\triangle CBD}} = \dfrac{S_{\triangle ABC}}{S_{\triangle ABC}} = 1$，所以

$$AO = CO.$$

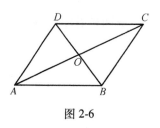

图 2-6

同样，我们还可以证明 $BO=DO$，两个结论合在一起就说明了平行四边形的两条对角线互相平分.

证明过程这么简短，不知你看明白了没有？首先利用共边定理，将线段比转化为面积比，然后利用 $AB/\!/DC$ 和 $AD/\!/BC$，分别得出 $S_{\triangle ABD}=S_{\triangle ABC}$ 和 $S_{\triangle BCD}=S_{\triangle ABC}$. 这就完成证明了.

这与一般资料用全等三角形知识的证法截然不同. 要证明两条线段相等，常见的办法是构造一对全等三角形，使这两条线段成为它们的对应边，但这两个三角形全等要满足三个条件. 这就是说，为了得到一个等式，先要建立三个等式，这就有点不合算了. 而利用共边定理解题，可以从一个条件得到一个结论，这种对等性往往能简化证明过程.

例 2 如图 2-7 所示，在 $\triangle ABC$ 中，点 D、E 分别为 AB、AC 的中点，点 F 为 BC 边上的任意一点，连接 AF、DE 交于点 G，求证：$AG=FG$.

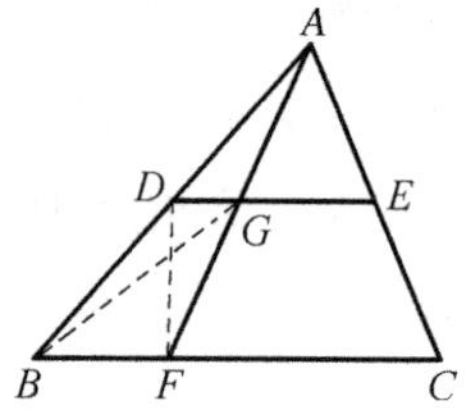

证明 因为 $\dfrac{AG}{FG}=\dfrac{S_{\triangle ADG}}{S_{\triangle FDG}}=\dfrac{S_{\triangle ADG}}{S_{\triangle BDG}}=\dfrac{AD}{BD}=1$，所以

$$AG=FG.$$

例 2 说明了如果在 BC 上任取一点 F，那么在 DE 上必有一点 G 与之对应，中位线 DE 就是由许许多多像 AF 这样的线段的中点 G 组成的.

图 2-7

例 3 如图 2-8 所示，在 $\triangle ABC$ 中，点 E、D 分别为 AB、AC 的中点，CE 与 BD 交于点 F，求证：$CF=2FE$.

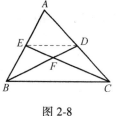

图 2-8

证明 因为 $\dfrac{CF}{FE}=\dfrac{S_{\triangle CBD}}{S_{\triangle EBD}}=\dfrac{S_{\triangle ABD}}{\dfrac{1}{2}S_{\triangle ABD}}=2$，所以 $CF=2FE$.

点 F 实质上是 $\triangle ABC$ 的重心，它到顶点的距离等于它到对边中点的距离的 2 倍.

例 4 如图 2-9 所示，在 $\triangle ABC$ 中，$\dfrac{AF}{FC}=\dfrac{1}{2}$，$G$ 是

BF 的中点，E 是 AG 的延长线与 BC 的交点，求 $\dfrac{AG}{GE}$.

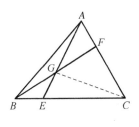

图 2-9

解 因为 $\dfrac{AE}{GE}=\dfrac{S_{\triangle ABC}}{S_{\triangle GBC}}=\dfrac{S_{\triangle ABC}}{S_{\triangle FBC}}\times\dfrac{S_{\triangle FBC}}{S_{\triangle GBC}}=\dfrac{3}{2}\times2=3$，所以

$\dfrac{AG}{GE}=2$.

例 5 如图 2-10 所示，在 $\triangle ABC$ 中，$BP:PQ:QC=1:2:1$，$CG:AG=1:2$，求 $BE:EF:FG$.

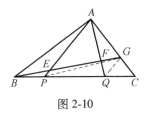

图 2-10

解 设 $S_{\triangle ABC}=1$，则

$$S_{\triangle ABP}=\frac{1}{4},\quad S_{\triangle AGP}=\frac{2}{3}S_{\triangle APC}=\frac{1}{2},$$

$$S_{\triangle ABQ}=\frac{3}{4},\quad S_{\triangle AQG}=\frac{2}{3}S_{\triangle AQC}=\frac{1}{6},$$

$$\frac{BE}{EG}=\frac{S_{\triangle ABP}}{S_{\triangle AGP}}=\frac{1}{2},\quad \frac{BF}{FG}=\frac{S_{\triangle ABQ}}{S_{\triangle AQG}}=\frac{9}{2},$$

即

$$BE:EF:FG=11:16:6.$$

例 6 如图 2-11 所示，$\triangle ABC$ 的面积是 1，$AF=2FC$，$BD=DE=EC$，求四边形 $GDEH$ 的面积（2002 年第 13 届"希望杯"数学邀请赛初一二试试题）.

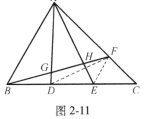

图 2-11

解 由于四边形 $GDEH$ 是不规则四边形，不能直接求其面积，可先求出 $S_{\triangle BEH}$ 和 $S_{\triangle BGD}$，二者相减即得.

由

$$\frac{EH}{AH}=\frac{S_{\triangle EBF}}{S_{\triangle ABF}}=\frac{\frac{2}{3}S_{\triangle CBF}}{S_{\triangle ABF}}=\frac{2}{3}\cdot\frac{CF}{AF}=\frac{1}{3},$$

得

$$S_{\triangle BEH} = \frac{1}{4} S_{\triangle ABE} = \frac{1}{4} \times \frac{2}{3} = \frac{1}{6}.$$

由

$$\frac{DG}{AG} = \frac{S_{\triangle DBF}}{S_{\triangle ABF}} = \frac{\frac{1}{3} S_{\triangle CBF}}{S_{\triangle ABF}} = \frac{1}{3} \cdot \frac{CF}{AF} = \frac{1}{6},$$

得

$$S_{\triangle BGD} = \frac{1}{7} S_{\triangle ABD} = \frac{1}{7} \times \frac{1}{3} = \frac{1}{21}.$$

所以

$$S_{\text{四边形}GDEH} = S_{\triangle BEH} - S_{\triangle BGD} = \frac{1}{6} - \frac{1}{21} = \frac{5}{42}.$$

例 5、例 6 和例 3、例 4 相比，没有本质区别，只不过形式复杂一点.

例 7 如图 2-12 所示，过点 A 作 $\triangle ABC$ 的外接圆的切线交 BC 的延长线于点 D. 若 $AF:CF = 1:2$，$AD:DC = \sqrt{2}:1$，求 $AE:BE:AB$.

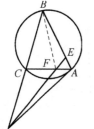

图 2-12

解 由切割线定理可知 $AD^2 = BD \cdot CD$，得

$$BD:DC = AD^2:DC^2 = (\sqrt{2})^2:1^2 = 2:1,$$

则

$$\frac{AE}{BE} = \frac{S_{\triangle DAF}}{S_{\triangle DBF}} = \frac{S_{\triangle DAF}}{2 S_{\triangle DCF}} = \frac{S_{\triangle DAF}}{4 S_{\triangle DAF}} = \frac{1}{4},$$

所以

$$AE:BE:AB = 1:4:5.$$

例 8 如图 2-13 所示，四边形 $ABCD$ 的两对角线交于点 O，两组对边的延长线分别交于点 E、F，过 O 作 EF 的平行线交 BC、AD 于点 I、J，求证：

$OI = OJ$.

此题的关键就在于证明 $\dfrac{BO}{OD} = \dfrac{BG}{GD}$，一些资料上的

证法需要用到塞瓦定理和梅涅劳斯定理，而这两个定理都是中学数学教学不要求掌握的．用共边定理证明很简单．

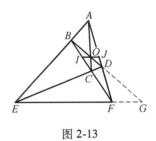

图 2-13

证明 因为

$$\frac{BO}{OD} \cdot \frac{GD}{BG} = \frac{S_{\triangle ABC}}{S_{\triangle ADC}} \cdot \frac{S_{\triangle EFD}}{S_{\triangle BEF}}$$

$$= \frac{S_{\triangle ABC}}{S_{\triangle ABD}} \cdot \frac{S_{\triangle ABD}}{S_{\triangle ADC}} \cdot \frac{S_{\triangle EFD}}{S_{\triangle EFC}} \cdot \frac{S_{\triangle EFC}}{S_{\triangle BEF}}$$

$$= \frac{EC}{ED} \cdot \frac{BF}{CF} \cdot \frac{ED}{EC} \cdot \frac{CF}{BF} = 1,$$

即

$$\frac{BO}{OD} = \frac{BG}{GD}, \frac{BO}{BG} = \frac{DO}{DG},$$

所以

$$\frac{OI}{FG} = \frac{BO}{BG} = \frac{DO}{DG} = \frac{OJ}{FG}, \quad OI = OJ.$$

这道题给我们启示，是不是能用塞瓦定理和梅涅劳斯定理解决的问题都可以用共边定理来解决呢？这需要证明．一是要证明可以由共边定理推导出塞瓦定理和梅涅劳斯定理，这是基本前提；二是要求推理过程简单，不需要很多的步骤，这是为了操作起来方便．

例 9 如图 2-14 所示，在 $\triangle ABC$ 中，AD、BE、CF 交于点 G，求证：$\dfrac{AF}{FB} \cdot$

$\dfrac{BD}{DC} \cdot \dfrac{CE}{EA} = 1$（塞瓦定理）．

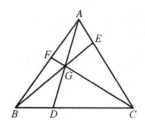

图 2-14

证明 $\dfrac{AF}{FB} \cdot \dfrac{BD}{DC} \cdot \dfrac{CE}{EA} = \dfrac{S_{\triangle GCA}}{S_{\triangle GBC}} \cdot \dfrac{S_{\triangle GAB}}{S_{\triangle GCA}} \cdot \dfrac{S_{\triangle GBC}}{S_{\triangle GAB}} = 1.$

顺便可证得 $\dfrac{GD}{AD} + \dfrac{GE}{BE} + \dfrac{GF}{CF} = \dfrac{S_{\triangle GBC}}{S_{\triangle ABC}} + \dfrac{S_{\triangle GAC}}{S_{\triangle ABC}} + \dfrac{S_{\triangle GAB}}{S_{\triangle ABC}} = \dfrac{S_{\triangle ABC}}{S_{\triangle ABC}} = 1.$

例 10 如图 2-15 所示，在 $\triangle ABC$ 中，直线 DF 分别交 BC、CA、AB 于点 D、E、F，求证：$\dfrac{AF}{FB} \cdot \dfrac{BD}{DC} \cdot \dfrac{CE}{EA} = 1$（梅涅劳斯定理）．

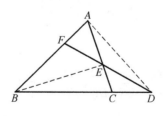

图 2-15

证明 $\dfrac{AF}{FB} \cdot \dfrac{BD}{DC} \cdot \dfrac{CE}{EA} = \dfrac{S_{\triangle AED}}{S_{\triangle BED}} \cdot \dfrac{S_{\triangle BED}}{S_{\triangle CED}} \cdot \dfrac{S_{\triangle CED}}{S_{\triangle AED}} = 1.$

塞瓦定理和梅涅劳斯定理从形式上来看是极其相似的，只存在共点、共线的差别．

在射影几何中，有一条对偶原理：在射影平面上，如果在一个射影定理中把点与直线的概念对调，即把点改成直线，把直线改成点，把点的共线关系改成直线的共点关系，所得的命题仍然成立.

我们发现，塞瓦定理和梅涅劳斯定理的证明也可以如此完美地统一.

如此说来，塞瓦定理和梅涅劳斯定理确实可被共边定理取代. 哲学家奥卡姆有句名言：如无必要，勿增实体. 这句话用在此处，可解释为：用简单的工具能解决问题时，就没必要用复杂的工具了.

一个定理重要与否，不在于证明的难易程度，也就是与它的出身无关，而是要看它的应用范围是否广泛. 一般来说，应用范围较窄的命题是不能称为定理的. 一个定理的应用越广，说明这个定理越重要. 共边定理的威力我们会逐步感受到.

2.2 共角定理

在三角形中，边与角相对存在. 既然有共边定理，是否存在共角定理呢？答案是肯定的. 我们先来看一个常见的题目.

例 11 如图 2-16 所示，$AB = 3AP$，$AC = 4AQ$，求 $\triangle ABC$ 和 $\triangle APQ$ 的面积比.

解答并不难，连接 CP（或者 BQ），根据共边定理，得

$$\frac{S_{\triangle APQ}}{S_{\triangle APC}} = \frac{AQ}{AC} = \frac{1}{4}, \quad \frac{S_{\triangle APC}}{S_{\triangle ABC}} = \frac{AP}{AB} = \frac{1}{3},$$

则

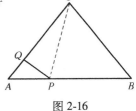

图 2-16

$$\frac{S_{\triangle APQ}}{S_{\triangle ABC}} = \frac{S_{\triangle APQ}}{S_{\triangle APC}} \cdot \frac{S_{\triangle APC}}{S_{\triangle ABC}} = \frac{AQ}{AC} \cdot \frac{AP}{AB} = \frac{1}{4} \times \frac{1}{3} = \frac{1}{12}.$$

探究例 11 的本质，我们发现 $\triangle ABC$ 和 $\triangle APQ$ 有公共角 $\angle A$，而且题目所牵涉的"比例线段"都是在 $\angle A$ 的两边，而不是在 BC 边上. 把这个例子推广到一般情形就得到了共角定理.

共角定理 若 $\angle ABC$ 和 $\angle XYZ$ 相等或互补，则 $\dfrac{S_{\triangle ABC}}{S_{\triangle XYZ}} = \dfrac{AB \cdot BC}{XY \cdot YZ}$.

证明 如图 2-17 所示，$\angle ABC = \angle XYZ$，则

$$\frac{S_{\triangle ABC}}{S_{\triangle XYZ}} = \frac{S_{\triangle ABC}}{S_{\triangle XBC}} \cdot \frac{S_{\triangle XBC}}{S_{\triangle XYZ}} = \frac{AB}{XY} \cdot \frac{BC}{YZ} = \frac{AB \cdot BC}{XY \cdot YZ}.$$

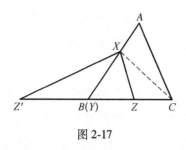

图 2-17

当两个角互补的时候，共角定理也成立，且证明过程与上述过程完全一样．

也许有读者会问，所谓共角定理不就是正弦定理的一个推论吗？确实如此，但我们此处的推导并未用到正弦定理．

对于没学过正弦定理的初中生而言，共角定理还是有其存在意义的．我们认为，如果能将正弦定理"下放"到初中，那就更好了．关于这一问题的讨论，参看《一线串通的初等数学》（张景中著）．

共角定理看似只是在共边定理的基础上前进了一小步，但如果运用得当，就会成为解题的利器，甚至能让一些高考题、竞赛题迎刃而解．你会发现难题并非一定要用复杂的方法才能解答．

例 12 在 $\triangle ABC$ 中，$\angle B = \angle C$，求证：$AB = AC$（等角对等边）．

证明 把 $\triangle ABC$ 和 $\triangle ACB$ 看作两个三角形，利用共角定理，得

$$1 = \frac{S_{\triangle ABC}}{S_{\triangle ACB}} = \frac{AB \cdot BC}{AC \cdot BC}, \ AB = AC.$$

例 12 虽然简单，但体现了所用方法的优越性．我们不用构造全等三角形，甚至连图也不用画，问题就被解决了．

例 13 如图 2-18 所示，在 $\triangle ABC$ 中，已知 AD 是 $\angle BAC$ 的角平分线，求证：$\dfrac{AB}{AC} = \dfrac{BD}{DC}$（角平分线定理）．

证明 $\dfrac{BD}{DC} = \dfrac{S_{\triangle ABD}}{S_{\triangle ADC}} = \dfrac{AB \cdot AD}{AC \cdot AD} = \dfrac{AB}{AC}.$

或者从另一个角度来看，得

$$\frac{BD}{DC} = \frac{S_{\triangle ABD}}{S_{\triangle ADC}} = \frac{AB \cdot h_{AB}}{AC \cdot h_{AC}} = \frac{AB}{AC},$$

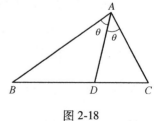

图 2-18

其中，h_{AB}、h_{AC} 分别表示点 D 到 AB、AC 的距离.

例 14 如图 2-19 所示，自 $\triangle ABC$ 的顶点 A 引两条等角线（$\angle BAX = \angle CAY$）交 BC 于点 X，Y，求证：$\dfrac{BX \cdot BY}{CX \cdot CY} = \dfrac{AB^2}{AC^2}$.

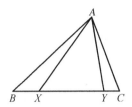

图 2-19

证明
$$\frac{BX \cdot BY}{CX \cdot CY} = \frac{S_{\triangle BAX}}{S_{\triangle CAX}} \cdot \frac{S_{\triangle BAY}}{S_{\triangle CAY}} = \frac{S_{\triangle BAX}}{S_{\triangle CAY}} \cdot \frac{S_{\triangle BAY}}{S_{\triangle CAX}}$$

$$= \left(\frac{AB \cdot AX}{AC \cdot AY}\right)\left(\frac{AB \cdot AY}{AC \cdot AX}\right) = \frac{AB^2}{AC^2}.$$

此结论可扩展：设 AO 是 $\triangle AB_iC_i$ 的角平分线，且点 B_i、C_i 共线，则

$$\frac{OB_1}{OC_1} \cdot \frac{B_1B_2}{C_1C_2} \cdot \cdots \cdot \frac{B_{n-1}B_n}{C_{n-1}C_n} \cdot \frac{B_nO}{C_nO} = \left(\frac{AB_1}{AC_1} \cdot \frac{AB_2}{AC_2} \cdot \cdots \cdot \frac{AB_n}{AC_n}\right)^2.$$

例 15 如图 2-20 所示，自点 P 作四条射线，它们分别与直线 l_1、l_2 交于点 A、B、C、D 和 A'、B'、C'、D'，求证：$\dfrac{AB}{AD} \cdot \dfrac{CD}{BC} = \dfrac{A'B'}{A'D'} \cdot \dfrac{C'D'}{B'C'}$.

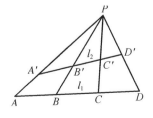

图 2-20

证明

$$\frac{A'B'}{A'D'} \cdot \frac{C'D'}{B'C'} \cdot \frac{AD}{AB} \cdot \frac{BC}{CD}$$

$$= \frac{S_{\triangle PA'B'}}{S_{\triangle PA'D'}} \cdot \frac{S_{\triangle PC'D'}}{S_{\triangle PB'C'}} \cdot \frac{S_{\triangle PAD}}{S_{\triangle PAB}} \cdot \frac{S_{\triangle PBC}}{S_{\triangle PCD}}$$

$$= \frac{S_{\triangle PA'B'}}{S_{\triangle PAB}} \cdot \frac{S_{\triangle PC'D'}}{S_{\triangle PCD}} \cdot \frac{S_{\triangle PAD}}{S_{\triangle PA'D'}} \cdot \frac{S_{\triangle PBC}}{S_{\triangle PB'C'}}$$

$$= \frac{PA'}{PA} \cdot \frac{PB'}{PB} \cdot \frac{PC'}{PC} \cdot \frac{PD'}{PD} \cdot \frac{PA}{PA'} \cdot \frac{PD}{PD'} \cdot \frac{PB}{PB'} \cdot \frac{PC}{PC'}$$

$$= 1.$$

这种把连乘分数重新组合以达到目的的方法是比较高级的技巧.

例 16 如图 2-21 所示，P 是平行四边形 $ABCD$ 的对角线 AC 的延长线上的一个点，过点 P 作两条直线，一条交 AB 于点 M，交 BC 于点 E，另一条交 AD 于点 N，交 CD 于点 F，求证：$\dfrac{S_{\triangle PMN}}{S_{\triangle AMN}} = \dfrac{S_{\triangle PEF}}{S_{\triangle CEF}}$.

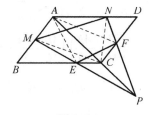

图 2-21

证明

$$\frac{S_{\triangle PEF}}{S_{\triangle PMN}} = \frac{PE \cdot PF}{PM \cdot PN} = \frac{S_{\triangle ACE}}{S_{\triangle ACM}} \cdot \frac{S_{\triangle ACF}}{S_{\triangle ACN}} = \frac{S_{\triangle ACE}}{S_{\triangle ACN}} \cdot \frac{S_{\triangle ACF}}{S_{\triangle ACM}}$$

$$= \frac{CE}{AN} \cdot \frac{CF}{AM} = \frac{CE}{AM} \cdot \frac{CF}{AN} = \frac{S_{\triangle CEF}}{S_{\triangle AMN}}.$$

$$\therefore \quad \frac{S_{\triangle PMN}}{S_{\triangle AMN}} = \frac{S_{\triangle PEF}}{S_{\triangle CEF}}$$

2.3 消点法

几何题千变万化，没有定法，这似乎已经成为两千年来人们的共识，但还是有人没有放弃，一直都在寻找一种"通法"．这里所说的通法并不是能够用来解决所有的几何问题，而是指能够解决几何中的一大类问题．

下面要介绍的就是这样的一种通法——消点法．一般来说，只要题目中的条件可以用尺规作图来表现，并且结论可以表示成常用几何量的多项式等式（常用几何量包括面积、线段及角的三角函数），就可以用消点法一步一步地解答．

我们通过一个例子来了解什么是消点法．

例 17　如图 2-22 所示，在平行四边形 $ABCD$ 中 E、F 分别为 AD、CD 的中点，连接 BE、BF 交 AC 于点 R、T，求证：R、T 为 AC 的三等分点．

几何题难就难在不知道如何作辅助线．作辅助线属于人类独有的高级智慧，需要平常大量的积累，更需要解题时的"灵机一动"．能不能避开作辅助线呢？也是可以的．消点法就不需要作辅助线，但要求深入理解题目的意思．

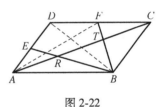

图 2-22

很多人在解几何题时，即使书本上已经画好了几何图形，他们仍然会在草稿纸上重新画一遍．原因有二：一是担心添加辅助线的时候把书本上的图形搞乱了，二是重新作图有利于理解题目的意思．我们重新作图，注意作图的顺序，切不可随意．

第一步，在平面上作 A、B、C 三点．这三个点是任作的，不受约束（当然 A、B、C 三点不能在一条直线上，否则下面的图形就没法继续作下去了）．

第二步，作点 D，使得 $AD /\!/ BC$，$AB /\!/ DC$．

第三步，连接 AC，作 AD 的中点 E 和 DC 的中点 F．

第四步，连接 BE 交 AC 于点 R，连接 BF 交 AC 于点 T．

对于图形中的点，我们把 A、B、C 三点称为"自由点"，而将其他点称为"约束点"．因为一旦 A、B、C 三点的位置确定，其他点的位置就随之确定，没有变动的可能．

要证明 T 是 AC 的三等分点，从图中可以看出需要证明 $\dfrac{AT}{CT}=2$. 我们的思路是：要证明的等式左端牵涉好几个点，但右端只有数字 2. 如果想办法把字母 A、C、T 都消掉，不就水落石出了吗？在这种思想的指导下，我们首先着手从式子 $\dfrac{AT}{CT}$ 中消去最晚出现的点 T.

用什么办法消去一个点？这要看此点的来历，以及它出现在什么样的几何量中. 点 T 是 AC、BF 相交产生的，用共边定理可得 $\dfrac{AT}{CT}=\dfrac{S_{\triangle ABF}}{S_{\triangle CBF}}$，这就成功地消去了点 T. 此时却多出了点 F.

下一步就要消去点 F. 根据点 F 的来历（点 F 是 DC 的中点），得 $S_{\triangle BCF}=\dfrac{1}{2}S_{\triangle BCD}$. 又因为点 F 是 DC 上的点，且 $AB /\!/ DC$，所以 $S_{\triangle ABF}=S_{\triangle ABC}$.

接下来消去点 D. 根据点 D 的来历（$AD /\!/ BC$），则 $S_{\triangle BCD}=S_{\triangle BCA}$.

于是一个简捷的证明产生了：

$$\frac{AT}{CT}=\frac{S_{\triangle ABF}}{S_{\triangle CBF}}=\frac{S_{\triangle ABC}}{\dfrac{1}{2}S_{\triangle BCD}}=2\cdot\frac{S_{\triangle ABC}}{S_{\triangle ABC}}=2.$$

现在小结一下. 解题的顺序和点的排列大有关系. 该题的结论是 $\dfrac{AT}{CT}=2$. 怎么处理这个式子呢？用消元法解二元一次方程组，把未知数一个一个地消去，消到后面就解决了. 这种方法在解几何题的时候也可以借用，不妨称之为消点法. 消点法就是从我们要处理的式子中消去约束点. 约束点消完了，答案往往就水落石出了. 消约束点时有个顺序规则：后产生的点先消去. 在式子 $\dfrac{AT}{CT}$ 中，点 T 是最后产生的，我们就先消点 T. 关于怎样消去点 T，就要查查点 T 的来历，正所谓"解铃还须系铃人". 其他的点依次消去即可. 如果在消点的过程中出现了新的约束点，也应按照顺序消除. 一般来说，自由点是不需要专门想办法消掉的，到一定的时候，它自然就会消掉.

例 18　如图 2-23 所示，在 $\triangle ABC$ 中，$\dfrac{AD}{DC}=\dfrac{2}{5}$，$E$ 为 BD 的中点，AE 的延长

线与 BC 相交于点 F，求 $\dfrac{BF}{FC}$.

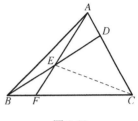

解　首先将题目中的点排好顺序. 第一级别为 A、
B、C，第二级别为 D，第三级别为 E，第四级别为 F.
依此消去 F、E、D 三点，得

$$\frac{BF}{FC}=\frac{S_{\triangle BAE}}{S_{\triangle CAE}}=\frac{S_{\triangle DAE}}{S_{\triangle DAE}+S_{\triangle CED}}=\frac{2}{2+5}=\frac{2}{7}.$$

图 2-23

例 19　如图 2-24 所示，在 $\triangle ABC$ 中，$BD=2DC$，$AE=ED$，$BF=3FE$，已知
$S_{\triangle ABC}=12$，求 $S_{\triangle AFE}$.

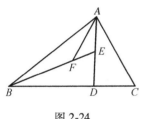

图 2-24

解　首先消去点 F，得 $\dfrac{S_{\triangle AFE}}{S_{\triangle ABE}}=\dfrac{FE}{BE}=\dfrac{1}{4}$.

再消去点 E，得 $\dfrac{S_{\triangle ABE}}{S_{\triangle ABD}}=\dfrac{AE}{AD}=\dfrac{1}{2}$.

最后消去点 D，得 $\dfrac{S_{\triangle ABD}}{S_{\triangle ABC}}=\dfrac{BD}{BC}=\dfrac{2}{3}$.

这样一个简捷的证明产生了：

$$\frac{S_{\triangle AFE}}{S_{\triangle ABC}}=\frac{S_{\triangle AFE}}{S_{\triangle ABE}}\cdot\frac{S_{\triangle ABE}}{S_{\triangle ABD}}\cdot\frac{S_{\triangle ABD}}{S_{\triangle ABC}}=\frac{FE}{BE}\cdot\frac{AE}{AD}\cdot\frac{BD}{BC}=\frac{1}{4}\times\frac{1}{2}\times\frac{2}{3}=\frac{1}{12},$$

所以

$$S_{\triangle AFE}=1.$$

例 20　如图 2-25 所示，在不规则四边形 $ABCD$ 中，
$AG=GH=HD$，$BE=EF=FC$，连接 EG、FH. 求证：

$S_{\text{四边形}ABCD}=3S_{\text{四边形}GEFH}.$

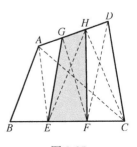

证明　根据作图顺序，将题目中的点排好顺序，
第一级别为 A、B、C、D，第二级别为 E、F、G、H.

先消去 G、F 两个点，得

图 2-25

$$S_{四边形GEFH} = S_{\triangle GEH} + S_{\triangle EFH} = \frac{1}{2}S_{\triangle AEH} + \frac{1}{2}S_{\triangle ECH}.$$

再消去 E、H 两个点，得

$$\frac{1}{2}S_{\triangle AEH} + \frac{1}{2}S_{\triangle ECH} = \frac{1}{2}S_{四边形AECH} = \frac{1}{2}S_{\triangle AEC} + \frac{1}{2}S_{\triangle CHA}$$

$$= \frac{1}{2} \times \frac{2}{3}S_{\triangle ABC} + \frac{1}{2} \times \frac{2}{3}S_{\triangle CDA} = \frac{1}{3}S_{四边形ABCD}.$$

所以 $$S_{四边形ABCD} = 3S_{四边形GEFH}$$

例21 如图 2-26 所示，四边形 $ABCD$ 的边 AD、BC 的延长线交于点 E，对角线 AC、BD 的中点分别为 F、G，求 $\dfrac{S_{\triangle EFG}}{S_{四边形ABCD}}$.

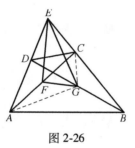

图 2-26

解 首先将题目中的点排好顺序．第一级别为 A、B、C、D，第二级别为 E、F、G.

$$S_{\triangle EFG} = S_{\triangle EAG} - S_{\triangle EAF} - S_{\triangle AFG}$$

$$= (S_{\triangle ADG} + S_{\triangle EDG}) - \frac{1}{2}S_{\triangle EAC} - \frac{1}{2}S_{\triangle ACG}$$

$$= \frac{1}{2}S_{\triangle ADB} + \frac{1}{2}S_{\triangle EDB} - \frac{1}{2}S_{四边形AGCE}$$

$$= \frac{1}{2}S_{\triangle ABE} - \frac{1}{2}S_{四边形AGCE}$$

$$= \frac{1}{2}S_{四边形ABCG} = \frac{1}{4}S_{四边形ABCD}.$$

所以 $$\frac{S_{\triangle EFG}}{S_{四边形ABCD}} = \frac{1}{4}.$$

A、B、C、D 四点确定之后，E、F、G 三点也随之确定，而 E、F、G 三点之间并无明确的先后顺序.

在很多题目中，并不需要将点的级别分得很细. 在例 17 中，完全可以将同时出现的点 A、B、C、D 看作一个级别，因为我们对平行四边形的一些性质已经比较了解了. 在例 21 中，也没必要将点 E、F、G 再分成几个级别. 熟练之后，甚至不需要在稿纸上作图. 眼睛一扫，题目中各点的来龙去脉就都清楚了，很多题目中的字母也是按照作图顺序进行排列的.

例 22 在图 2-27 中，已知一条直线平行于梯形 $ABCD$ 的底，且与两腰 AD、BC 分别交于点 H、E，与对角线 AC、BD 分别交于点 G、F，求证：$HG = FE$.

下面分析此题的构图过程.

（1）任取不共线的三个点 A、B、C，过点 C 作 AB 的平行线 CD.

（2）在 AD 上取一点 H，过点 H 作 AB 的平行线交 AC 于点 G，交 BD 于点 F，交 BC 于点 E.

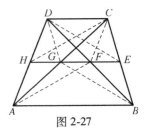

图 2-27

由于 G、F、E 三点的顺序在本质上是无关紧要的，消点过程可灵活处理. 用消点法可进行以下证明.

证明
$$\frac{HG}{FE} = \frac{HG}{GF} \cdot \frac{GF}{FE}(\text{用 } GF \text{ 过渡})$$

$$= \frac{S_{\triangle ACH}}{S_{\triangle AFC}} \cdot \frac{S_{\triangle BDG}}{S_{\triangle BED}}(\text{利用共边定理，部分消去 } G \text{、} F)$$

$$= \frac{S_{\triangle ACH}}{S_{\triangle BED}}(\text{根据 } DC /\!/ GF /\!/ AB, \text{得 } S_{\triangle BDG} = S_{\triangle AFC})$$

$$= \frac{S_{\triangle ACD} - S_{\triangle HCD}}{S_{\triangle BCD} - S_{\triangle ECD}} = 1 .$$

需要说明的是，本题的解法并不是严格按照消点规则进行的，而是进行了"人工干预". 比如，利用了 $S_{\triangle BDG} = S_{\triangle AFC}$，$\dfrac{S_{\triangle ACH}}{S_{\triangle BED}} = \dfrac{S_{\triangle ACD} - S_{\triangle HCD}}{S_{\triangle BCD} - S_{\triangle ECD}}$，这些都是通过观

察发现的捷径．计算机解题少了人的观察能力，只能按照消点规则一步一步进行，解题过程就会显得烦琐．

例 23 如图 2-28 所示，梯形 $ABCD$ 的两条对角线交于点 O．过点 O 作平行于梯形下底 AB 的直线，与两腰 AD、BC 交于点 M、N，求证：$MO = NO$．

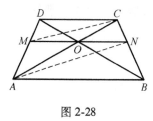

图 2-28

证明 $\dfrac{MO}{NO} = \dfrac{S_{\triangle MAC}}{S_{\triangle NAC}} = \dfrac{S_{\triangle AOD}}{S_{\triangle BOC}} = \dfrac{S_{\triangle ABD} - S_{\triangle ABO}}{S_{\triangle ABC} - S_{\triangle ABO}} = 1$ ．

显然例 23 是例 22 的特例．

消点法是一种普遍有效的解题方法．用消点法解题的要点如下．

（1）把题目中涉及的点按作图顺序排列．在作图过程中先出现的点在前面，后出现的点在后面．

（2）把要解决的问题化成对某个式子进行化简的问题．这些式子中的量都是一些几何量．

（3）从要化简的式子中逐步消去由约束条件产生的点，后产生的点先消去．

（4）消点时，一方面要用到该点产生的几何条件，另一方面要对照图形，注意发现捷径．

消点法最大的意义在于使证明过程有章可循．关注每一步中与某一个点有关的几何量．在以上几题中，我们用到的几何量是共线线段的比．在解题过程中，还常常用到三角形和四边形的面积——这些是十分重要的几何量．消点法是一种解题指导思想，而面积法是实现这一思想的具体方法，面积法中有很多工具可以利用，共边定理、共角定理就是其中的杰出代表．当然，也可以采用别的工具来代替．同时，我们必须注意到仅靠共边定理、共角定理是不够的，譬如垂足该如何消去呢？这需要用到"勾股差定理"．关于消点法的深入探究，可参看《几何新方法和新体系》（张景中著）一书．

以上介绍了共边定理、共角定理和消点法，所举例题相对简单，我们讲解得也很详细．在后面的章节中，我们会进一步利用这些工具来解题．读者切莫小看本章所介绍的这些工具，这可是计算机解几何题的法宝．

2.4　几何定理的机器证明

当我们掌握了消点法之后，在几何题面前便会胸有成竹，主动权在手了．消点法虽然不能够解决所有几何问题，但可作为解题的指导方针．我们甚至还可以将消点法教给计算机，让计算机来帮助我们解题，这就是几何定理机器证明，或者叫自动推理．

计算机是人类的学生，它的本领是人教的．它是笨学生，不教不会．但它又是好学生，会牢牢记住你教给它的方法，一丝不苟地按你写好的程序去做．如果你循循善诱，它就又能青出于蓝而胜于蓝．计算机解题靠人教．人会解一道题，把方法教给计算机，计算机就会解这道题．把这道题中的数字换成字母，成了一种更一般化的题型，再把处理这种题型的窍门教给计算机，计算机就会解这种题型．人掌握了一类题目的规律，把这个规律总结提炼变成有章可循的算法，实现为程序，计算机的本领就更大了，会解这一类题了．人掌握了方法，推演计算论证烦了或者累了，容易走神出错，甚至时间长了以后所掌握的方法遗忘了都有可能．但计算机一旦学会一套方法就不会忘记，也很难出错，而且做得飞快．

我们若想运用计算机解题，首先必须了解计算机的一些基本功能．计算机可供解题使用的基本功能大体上有四类：变量赋值、基本运算、条件选择和循环操作．

第一，要记得住东西．如果记不住题目，或者记不住解题的有关信息和方法，还解什么题呢？光记住不够，还要能表达出来．解了题闷在肚里表达不出来，不是白白辛苦一场吗？计算机能记住我们要它记住的信息，又能表达出来，这种功能主要通过变量赋值来实现．

第二，要会做基本的运算．计算机做计算肯定是不成问题的，否则怎么叫计算机呢？不过我们这里所讲的计算除了一般所说的数值计算，还包括符号计算．因为数值运算通常容易出现误差，多步推导之后，误差被积累，可能导致结果谬以千里．

第三，求解问题时，常常要根据不同的情形使用不同的公式和方法．如计算一封信的邮费，要分平信、挂号、本埠、外埠以及是否超重等情形．几何问题的条件更是千差万别．计算机可以根据条件安排，自动区别不同的情形，执行不同的运算，这叫作条件选择功能．

第四，计算机的另一个长处就是不怕枯燥麻烦．一个运算或一套操作，让它重复多少次，它也不会罢工或埋怨．几何问题有时要多次检验，有时要反复探索，有时又要做大量演算．只要你一声令下，计算机就会老老实实地干起来，直到完成预定次数或达到某个目标．这叫作循环操作功能．

几何题有计算题、证明题，还有作图题．它们各有特点，又是相通的．两千年来，人们积累了丰富多彩的解几何题的经验、方法和技巧．这些有待教给计算机的解题本领大体可以分为四类：检验、搜索、归约和转换．

计算和作图都要有个道理，讲清楚道理就是证明．古希腊人研究几何最讲究证明．中国古代的几何学则讲究计算，把画图和推理都归结为计算，叫作寓理于算．计算、作图和证明，问题的形式不同，却有相同之处．这三类问题的前提都可以用几何图形来表示．证明题可以转化为计算．要证明两条线段相等，只要算出两者的比为 1 或差为 0 就行了．要说明计算是准确的，作图过程是合理的，归根结底要进行证明．这三类问题在解决过程中都要进行推演论证，推演论证所用的规则又是一致的．这就是三者的相通之处．

要问计算机如何解几何题，就得先看人如何解几何题．当然，人和人不同，所以应该说要看几何学家如何解几何题．几何学家拿到一道几何题后，他们有哪些高招呢？

第一，要画画看看，量量算算，看题目出得对不对、合理不合理．不合理就不做下去了．这叫检验．

第二，根据条件，参照问题，试着东推推，西试试．不管推出来的东西有没有用，先将其记下来．这样或许就解决了问题．解决不了时，再想别的出路．说不定记下来的材料还有用．这叫搜索．

第三，搜索不出来，还可以抓住问题的目标（待证的结论、待求的几何量、待作的点与线），分析计算，化简条件，消去中间的参数或几何元素，力求水落石出．这叫归约．

第四，当上述常规的方法不能奏效时，人的智慧和灵感就成为取胜的源泉了．或用反证法、同一法，或加辅助线，或对部分图形作平移旋转．总之，改变问题的形式，以求化繁为简．这叫转换．

几千年来，人们解几何题的招数层出不穷、争奇斗艳，但概括起来，不外乎这四类：检验、搜索、归约和转换．数十年来，数学家和计算机科学家费尽心思，循循善诱，把个中奥秘向计算机传授，使得计算机解几何题的能力日新月异、大放异彩．除了灵机一动加辅助线以及千变万化的问题转换之外，计算机把前三种办法都学得十分出色了．用计算机帮助学者研究几何，帮助甚至代替老师指导学生学习几何，已经从梦想变为现实．几何学家解题的过程给计算机提供了榜样．

在解题之前，必须先要掌握有关的几何知识，如公理、定理、定义、公式．我们称之为推理规则，也就是头脑里先得有一个知识库——推理规则库．读了题目之后，把题目提供的几何信息记在头脑里，这就形成了一个临时的几何信息库．不管你有没有意识到，你的头脑中一定有这两个库，否则就很难解题．如果你缺乏几何知识（没有推理规则库）或记不清题目（没有几何信息库），十之八九不会成功．

然后进行思考．这就是将知识库里的推理规则应用于几何信息库里的信息．推出了新信息，就把新信息和它的来历（用了什么推理规则和哪些旧的信息都要记下来，不然就成了一笔糊涂账）加到信息库里．并不是每条新信息都有用．可是在题目还没完全解答出来的时候，天晓得哪条信息有用，哪条信息没用，还是统统记下来为妙．

如果你觉得脑子不够用，记不住越来越多的信息，不妨拿张草稿纸记一下．当推理规则太多而记不住时，你也可以拿本数学手册或几何课本来参考．反正这又不是闭卷考试．

如果所有的推理规则都用了，还得不到新的信息，就到此为止，别干下去了．这表明几何信息库再也不能扩大了，叫作达到了推理不动点．这时，如果几何信息库包含了所要证明的结论或待求的几何量，那么解题成功，否则解题失败．

通常，我们应随时关注新信息是不是包含所要的结论．结论一出来，就不再去追求推理不动点．解题成功，你就可以从自己记下来的信息当中提取有关的东西，组织成有条有理的证明过程或解法．解题失败，并不意味着几何信息库就没用了．它可以作为你进一步思考的基础．进一步思考的方向有：要不要多学点几何知识，增加几条推理规则；要不要添加辅助线；要不要用同一法或反证法．

复杂的推理过程可以化为简单的机械化操作，但简单的操作重复多次就不再简单了．要提高效率，就又会出现复杂的问题．许多几何问题包含了大量的信息．人在进行解题思考时能借助直觉和经验，抓住最关键的信息得到答案，计算机却靠机械搜索，大鱼小鱼一网打尽，工作量就非同小可了．譬如一个三角形和它的三条高线以及垂心，这是个很简单的几何图形，用计算机搜索几何信息，居然发现图中有 105 组成比例的线段．

计算机在搜索中得到的有用信息很多，而没用的信息更多．经过大量的操作才能从许多无用的信息中找出有用的结论，难度就好比沙里淘金．这种一网打尽、涸泽而渔的搜索推理并不是什么新的发现，而是一种古老的机械化推理设想．在没有计算机的时代，人们也只是想想而已．一旦有了计算机，科学家就希望将之付诸实践，但是难以将这个一般性的想法转化为有效的算法和程序．现在，这个梦想已经成为生活中的现实．这个成功来之不易，是许多科学家多年努力的成果．其中，当代中国科学家的工作起了决定性的作用，而他们用到的武器恰恰就是本章中的共边定理、共角定理和消点法．你没有想到吧？

下面我们对几何定理机器证明的发展做一点简单介绍，看看数学自动推理的梦想是如何一步步变成现实的．

数学问题大体上可分为两类：计算题与证明题，或者叫作求解与求证．

求解：解应用题，解方程，几何作图，求最大公约数与最小公倍数……

求证：证明初等几何问题，证明代数恒等式，证明不等式……

中国古代数学研究的中心问题是求解，其方法是分门别类，找出一类一类的解题模式．《九章算术》就是把问题分成九大类，分别给出解题方法．这些方法是有固定章法可循的．只要有一般智力和必要的基本知识，大家都能学会．我们学会一种方法，便能解一类问题．问题来了，只要能对号入座，便可手到擒来，不要什么天才和灵感．

用一个固定的程序解决一类问题，这是机械化数学的基本思想．追求数学的机械化方法，是中国古代数学的特点，也可以说是中国古代数学的优秀传统之一．

以古希腊几何学为代表的古代西方数学所研究的中心问题不是分类解题，而是在建造公理体系的基础上一个一个地证明各式各样的几何命题．几何命题的证法各具巧思，争奇斗艳，无定法可循，犹如雕刻家的手工操作，有赖于技巧和灵感．

能不能想个办法，把许多证明题变成有一定章法可循的推理与计算呢？这样，人人就都能证明几何难题了．他只要按部就班地学会不多的套式，耐心细致地进行推理演算，就能像解一次代数方程、开平方、求最大公约数那样推证那些曾使数学家束手无策的几何难题了．

这种愿望由来已久，但直到 17 世纪，法国数学家笛卡儿才为它的实现找到了一线光明．笛卡儿创立的解析几何使初等几何问题代数化，在世界上第一次把无章可循的几何证明题纳入了有一定规范形式的代数框架，为后来的几何定理机器证明打下了基础．

比笛卡儿晚一些的德国数学家莱布尼茨曾有过"推理机器"的设想．他为此研究过逻辑，设计并造出了能做乘法的计算机．他的努力促进了布尔代数、数理逻辑以及计算机科学的发展．

但是，真正提出了关于某一类几何命题真假的机械检验方法的是 19～20 世纪的数学大师希尔伯特．他在其著作《几何基础》（中译本于 1958 年由科学出版社出版）中提供了可对一类几何命题进行检验的定理，其大意是：如果一个几何命题只涉及"关联性质"，那么就可以用确定的步骤判定它是不是成立．如果成立，这个判定过程就构成了一个证明．

所谓"关联性质"指的是"某点在某直线上""某直线过某点"……这类不涉及线段长短、角度大小以及垂直、平行的几何性质．我国著名数学家吴文俊教授称希尔伯特的这个定理为"希尔伯特机械化定理"．可惜，希尔伯特机械化定理只解决了很小一类几何定理的机器证明问题．

电子计算机的问世使证明机械化的研究活跃起来．波兰数学家塔斯基在1950 年证明了一个引人注目的定理：一切初等几何和初等代数范围内的命题都可以用机械方法判定是否成立．1956 年以来，西方科学家开始尝试用计算机证明一些数学定理．1959 年，美籍数理逻辑学家王浩教授设计了一个程序，用计算机证明了罗素、怀德海的著作《数学原理》中的几百条定理，仅用 9 分钟．1976年，美国的两位年轻数学家阿佩尔和哈肯在高速电子计算机上，用 1200 小时的时间，证明了数学家 100 多年来未能证出的四色定理．这些进展一时引起了轰动，使数学家和计算机科学家欣欣鼓舞，认为机器证明的美梦很快就会变成眼前的现实了．

但是，《数学原理》中的几百条定理毕竟是平凡的陈述，用计算机有针对性地证明四色定理也只算是计算机辅助证明．在漫长的历史中出现了数以千计的初等几何定理，无数数学家为提出和证明这些定理呕尽心血．这里面有许多巧夺天工、趣味隽永的杰作．能不能用计算机把这些定理成批地证明出来？人们拭目以待．

自塔斯基的定理发表以来，初等几何定理机器证明仍没有令人满意的进展．用塔斯基的方法，连中学课本里的许多定理都证不出来．人们又从乐观变为悲叹．有些专家认为：光用机器，再过 100 年也未必能证出多少非平凡的定理．

中国数学家的工作在这个领域揭开了新的一页．吴文俊教授在中国古代优秀数学思想的启发之下，从他对数学本质的深刻理解出发，于 1977 年发表文章，提出了新的机器证明方法．这种方法在国际上被称为"吴法"．使用吴法，可以在微型电子计算机上，在几分钟甚至几秒钟的时间内证明很不简单的几何定理．1988 年，周咸青在国外出版了一本英文专著，详细介绍吴法，并列举了用吴法编的程序在机器上证明的 512 条定理（S. C. Chou, *Mechanical Geometry Theorem*

Proving，Recdel Publishing Company，1988.）.

吴法的出现被公认为机器证明领域的里程碑式的突破. 在吴法的影响下，又出现了另一些新方法，如国外的 GB 法、国内的数值并行法. 所有这些方法都能有效地判定等式型的初等几何命题，包括球面几何、非欧几何的命题. 关于涉及不等式的几何命题的机器证明，至今还没有找到有效的算法.

但是，以吴法为首的所有这些方法实际上能告诉人们的只是某命题的真假. 因为这些方法给出的证明很烦琐很长，往往涉及成百上千项多项式的计算或成百上千次数值计算. 这些证明不像传统的证明那样能向人说个明白. 机器证明实际上似乎是"证而不明". 在多次关于机器证明的国际学术会议上，专家学者提出能不能用计算机产生明白易读的证明.

实际上，从 20 世纪 60 年代开始，欧美的一些科学家已开始进行用机器产生初等几何定理的可读证明的研究了，在此后 30 多年间发表了不少论文，但实际进展不大，直到 1992 年仍未找到哪怕是对一小类几何定理能生成可读证明的有效算法. 如何用计算机产生几何定理的简洁可读的证明？这对数学家、计算机科学家特别是人工智能专家来说是一个挑战性的课题.

1992 年，本书作者之一张景中应美国威奇托大学周咸青的邀请，赴美进行合作研究. 张景中建议将自己多年来探讨的面积法和在吴法启发下提出的消点法结合起来，用于对付这个 30 多年来进展很小的课题，居然大见成效，在几个月的合作研究中形成了消点算法，编制了程序，在 NexT 微机上产生了 400 多条非平凡几何定理的可读性证明（至 1994 年初，已写成在个人计算机 Windows 操作系统下运行的程序）. 这项工作是由美国威奇托大学的周咸青、中国科学院系统科学研究所的高小山和张景中共同完成的.

这项研究成果从两方面说明面积法的意义：一方面，面积法促进了机器证明的研究，使机器证明领域中长期得不到解决的一大难题有了突破性进展；另一方面，由于这一突破，面积法在未来的几何教学中占有了特别的优势. 它能在计算机上实现，它和最先进的工具联系起来了，能不被重视吗？

由于用了面积法，一大类初等几何问题的解题算法找到了. 正是因为找到了算法，才有可能写出程序．这种算法基本上就是本书所介绍的消点法．它不但能用计算机实现，也能用人工实现，因为它产生的证明往往是简洁的．一个几何命题来了，我们首先按一定步骤把题图的构造过程写下来，再根据构图过程，一步一步地写出证明过程或最终判断命题不成立．证明过程实际上是计算过程，而计算过程又紧密联系着图形直观与逻辑推理．这就把几何作图、几何计算和几何证明都联系起来了．笛卡儿创立坐标方法的目的之一是寻求几何问题的算法，但坐标方法产生的证明往往不是那么简洁．用了面积法，不但找到了一大类几何问题的算法，而且能产生简洁的证明．借助面积法，还可以写出用向量方法证明几何题的程序，以及用体积法解立体几何问题的程序．这些问题都是近年来国际上机器证明领域的一些学者企图解决而未能成功的．由于应用面积法，这些问题都迎刃而解了．

面积法与消点法的结合所产生的算法，使几何教学中长期以来没有解决的以下两个问题也有了初步答案．

（1）基于一般的初等几何知识，究竟有哪些几何问题是肯定能解决的？

（2）几何证明的写法应采取什么规范形式？

这两个问题自欧几里得以来就没有被深入地研究过，也许是因为问题太难、太不确定了，在过去一直被认为无法下手吧．现在，我们至少给出了初步的答案．

（1）如果一个几何命题的前提条件可以用构图过程表示，而且构图过程的每一步都符合欧氏作图公法，命题的结论是涉及图中的几何量的一个等式，那么我们总可以用消点法一步一步地把所有几何约束化解，以至最终判断这个命题是否成立．

（2）消点法实际上建议了几何证明的一个基本模式——递等式方法．要证明的结论是一个等式，而证明过程就是把等式左端一步一步地变换成右端的过程，每一步变换都包含一些基本推理步骤．递等式是证明的主干，每一步变换中的推理是对主干的补充说明．

初等几何问题算法化的研究远没有结束，还有相当多的问题等待我们去研究，譬如以下几个问题．

（1）对于非构造性的几何命题，即不能（或暂时找不到）用尺规作图方法作出其图形的几何命题，目前还无法用消点法写出其可读性证明．例如，著名的斯坦纳-雷米欧司定理（若三角形的两分角线相等，则其两边相等）的题图就无法用尺规作图完成（作图的困难也导致此题较难直接解答，目前已有解法，其中以反证法居多）．

（2）消点法对于一次产生一个点的构图十分有效，对于一次产生两个新点的构图（如两圆相交）在理论上可以解决，但目前还没有能产生简洁的可读性证明的有效程序．

（3）几何定理传统证法的技巧很多，如合同法、旋转法、反射法、反演法、反证法等．这些技巧如能被吸收到机器证明程序中，将使机器产生的证法更为简洁优美．这个课题目前还无法下手．

总之，用计算机证明几何定理，特别是用计算机生成几何定理的可读性证明是一个新开拓的研究领域．在这一领域的进一步研究有可能使我们对几千年来人类积累的初等几何知识做一个完满的总结．这不仅将实现笛卡儿以来一些卓越的科学家的美好梦想，也会对现实的数学教育改革、计算机教育的发展和计算机辅助教学的推广产生积极的影响．

第**3**章 ▸▸▸
共边定理的两种变式

共边定理是本书中最重要的一个定理，它的一些变形很容易得到并被证明，其作用却很大，而且用起来很方便．

3.1 合分比形式的共边定理

合分比形式的共边定理　若直线 AB 和 PQ 相交于点 M（见图 3-1，有四种情形），则 $\dfrac{S_{四边形PAQB}}{S_{\triangle QAB}} = \dfrac{PQ}{MQ}$．

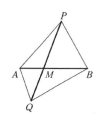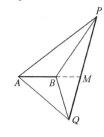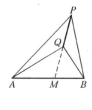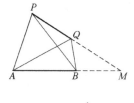

图 3-1

证明　由共边定理得 $\dfrac{S_{\triangle PAB}}{S_{\triangle QAB}} = \dfrac{PM}{QM}$．

由合分比公式得 $\dfrac{S_{\triangle PAB} + S_{\triangle QAB}}{S_{\triangle QAB}} = \dfrac{PM + MQ}{MQ}$，则 $\dfrac{S_{四边形PAQB}}{S_{\triangle QAB}} = \dfrac{PQ}{MQ}$．

注意图 3-1 所示的第四种情况是四边形 $PAQB$，而不是四边形 $PABQ$. 这里牵涉有向面积，见本书后面第 15 章 "有向面积".

例 1　在图 3-2 中，P 是 $\triangle ABC$ 外的一点，过点 P 作直线分别交边 AB、AC 于点 E、G，交边 BC 的延长线于点 F. 连接 PC、AF. 求证：$\dfrac{S_{\triangle PBC}}{PF}+\dfrac{S_{\triangle PAC}}{PG}=\dfrac{S_{\triangle PAB}}{PE}$.

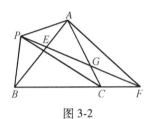

图 3-2

证明　$\dfrac{S_{\triangle PAB}}{PE}=\dfrac{S_{四边形PBFA}}{PF}=\dfrac{S_{\triangle PBC}}{PF}+\dfrac{S_{四边形PCFA}}{PF}=\dfrac{S_{\triangle PBC}}{PF}+\dfrac{S_{\triangle PAC}}{PG}$.

例 2　在图 3-3 中，AM 是 $\triangle ABC$ 的中线，点 N 是 $\triangle ABC$ 的重心，过点 N 作直线分别交 AB 于点 D，交 AC 于点 E，交 BC 的延长线于点 F，求证：$\dfrac{ND}{NE}+\dfrac{ND}{NF}=1$.

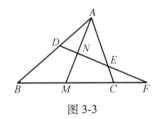

图 3-3

证明　$\dfrac{ND}{NE}+\dfrac{ND}{NF}=\dfrac{S_{\triangle ADM}}{S_{\triangle AEM}}+\dfrac{S_{\triangle ADM}}{S_{\triangle AFM}}=\dfrac{\dfrac{AD}{AB}\cdot S_{\triangle ABM}}{\dfrac{AE}{AC}\cdot S_{\triangle ACM}}+\dfrac{S_{\triangle ADM}}{S_{\triangle ABM}}\cdot\dfrac{S_{\triangle ABM}}{S_{\triangle AFM}}$

$=\dfrac{AD}{AB}\cdot\dfrac{AC}{AE}+\dfrac{AD}{AB}\cdot\dfrac{BM}{FM}=\dfrac{AD}{AB}\cdot\dfrac{S_{四边形ANCF}}{S_{\triangle AFN}}+\dfrac{AD}{AB}\cdot\dfrac{S_{\triangle ABN}}{S_{\triangle AFN}}$

$=\dfrac{AD}{AB}\cdot\dfrac{S_{四边形ANBF}}{S_{\triangle AFN}}=\dfrac{AD}{AB}\cdot\dfrac{AB}{AD}=1$.

例3 在图3-4中，已知 $MNPQ$ 为平行四边形，在 QP 的延长线上任取一点 S，直线 MS 与 NQ 交于点 T，与 NP 交于点 R. 求证：$\dfrac{1}{MR}+\dfrac{1}{MS}=\dfrac{1}{MT}$.

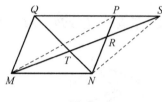

图 3-4

证明 待证等式可变形为

$$\frac{MT}{MR}=1-\frac{MT}{MS}=\frac{MS-MT}{MS}=\frac{TS}{MS},$$

因

$$\frac{MT}{TS}\cdot\frac{MS}{MR}=\frac{S_{\triangle MNQ}}{S_{\triangle SQN}}\cdot\frac{S_{\text{四边形}MNSP}}{S_{\triangle MNP}}=\frac{S_{\triangle MNQ}}{S_{\triangle SQN}}\cdot\frac{S_{\triangle SQN}}{S_{\triangle MNP}}=1,$$

故原式得证.

例4 如图3-5所示，一个面积为 S 的四边形被其对角线分成四个三角形，这四个三角形的面积分别为 A、B、C、D，求证：$S^4\cdot A\cdot B\cdot C\cdot D=(A+B)^2(B+C)^2(C+D)^2(D+A)^2$.

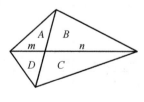

图 3-5

证明

$$\frac{A}{A+B}=\frac{m}{m+n}=\frac{D}{C+D}=\frac{A+D}{A+B+C+D}=\frac{D+A}{S}.$$

同理可得

$$\frac{B}{B+C}=\frac{A+B}{S},\quad \frac{C}{C+D}=\frac{B+C}{S},\quad \frac{D}{D+A}=\frac{C+D}{S}.$$

四式相乘，原式得证.

例 5　如图 3-6 所示，在凸五边形 *AEDCB* 中，*AD* 与 *BE* 相交于点 *F*，*BE* 与

CA 相交于点 *G*，*CA* 与 *DB* 相交于点 *H*，*DB* 与 *EC*

相交于点 *I*，*EC* 与 *AD* 相交于点 *J*. 设 *A′*、*B′*、

C′、*D′*、*E′* 分别为 *AI* 与 *BE*、*BJ* 与 *CA*、*CF* 与

DB、*DG* 与 *EC*、*EH* 与 *AD* 的交点. 求证：$\dfrac{AB'}{B'C}\cdot$

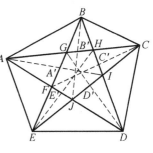

图 3-6

$\dfrac{CD'}{D'E}\cdot\dfrac{EA'}{A'B}\cdot\dfrac{BC'}{C'D}\cdot\dfrac{DE'}{E'A}=1.$

证明　由共边定理得

$$\frac{AB'}{B'C}=\frac{S_{\triangle ABJ}}{S_{\triangle CBJ}},\quad \frac{S_{\triangle ABJ}}{S_{\triangle ABD}}=\frac{AJ}{AD}=\frac{S_{\triangle AEC}}{S_{\text{四边形}AEDC}},$$

即

$$S_{\triangle ABJ}=S_{\triangle ABD}\cdot \frac{S_{\triangle AEC}}{S_{\text{四边形}AEDC}}.$$

反复利用上述结论，首先消去 *A′*、*B′*、*C′*、*D′*、*E′* 五个点，然后再消去 *F*、

G、*H*、*I*、*J* 五个点，只剩下最初的五个自由点.

$$\frac{AB'}{B'C}\cdot\frac{CD'}{D'E}\cdot\frac{EA'}{A'B}\cdot\frac{BC'}{C'D}\cdot\frac{DE'}{E'A}=\frac{S_{\triangle ABJ}}{S_{\triangle CBJ}}\cdot\frac{S_{\triangle CDG}}{S_{\triangle EDG}}\cdot\frac{S_{\triangle EAI}}{S_{\triangle BAI}}\cdot\frac{S_{\triangle BCF}}{S_{\triangle DCF}}\cdot\frac{S_{\triangle DEH}}{S_{\triangle AEH}}$$

$$=\frac{S_{\triangle ABD}\cdot\dfrac{S_{\triangle AEC}}{S_{\text{四边形}AEDC}}}{S_{\triangle CBE}\cdot\dfrac{S_{\triangle CAD}}{S_{\text{四边形}CAED}}}\cdot\frac{S_{\triangle CAD}\cdot\dfrac{S_{\triangle CBE}}{S_{\text{四边形}CBAE}}}{S_{\triangle EDB}\cdot\dfrac{S_{\triangle EAC}}{S_{\text{四边形}ECBA}}}\cdot\frac{S_{\triangle EAC}\cdot\dfrac{S_{\triangle EBD}}{S_{\text{四边形}EDCB}}}{S_{\triangle BAD}\cdot\dfrac{S_{\triangle BEC}}{S_{\text{四边形}BEDC}}}\cdot$$

$$\frac{S_{\triangle BCE}\cdot\dfrac{S_{\triangle BAD}}{S_{\text{四边形}BAED}}}{S_{\triangle DAC}\cdot\dfrac{S_{\triangle DBE}}{S_{\text{四边形}DBAE}}}\cdot\frac{S_{\triangle DEB}\cdot\dfrac{S_{\triangle DAC}}{S_{\text{四边形}DCBA}}}{S_{\triangle ACE}\cdot\dfrac{S_{\triangle ABD}}{S_{\text{四边形}ADCB}}}=1.$$

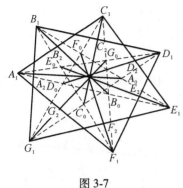

图 3-7

此题是作者玩网络画板时发现的结论，后来被选作 2009 年 IMO 选拔赛的试题. 我们还可得出结论 $\dfrac{GB'}{B'H} \cdot \dfrac{HC'}{C'I} \cdot \dfrac{ID'}{D'J} \cdot \dfrac{JE'}{E'F} \cdot \dfrac{FA'}{A'G} = 1$，并且不必拘泥于五边形，可将其推广到平面上的任意五个点（其证明需要用到有向面积），甚至还可推广到 $2n+1$ 角星（$n \geqslant 2$）. 图 3-7 是七角星的情形，有以下结论：

$$\frac{A_1 B_2}{B_2 C_1} \cdot \frac{C_1 D_2}{D_2 E_1} \cdot \frac{E_1 F_2}{F_2 G_1} \cdot \frac{G_1 A_2}{A_2 B_1} \cdot \frac{B_1 C_2}{C_2 D_1} \cdot \frac{D_1 E_2}{E_2 F_1} \cdot \frac{F_1 G_2}{G_2 A_1} = 1.$$

例 6 在图 3-8 中，AM 是 $\triangle ABC$ 的中线. 任作一条直线，使之依次交 AB、AM、AC 于 P、N、Q，求证：$\dfrac{AM}{AN} = \dfrac{1}{2}\left(\dfrac{AC}{AQ} + \dfrac{AB}{AP}\right)$（1978 年辽宁省中学数学竞赛题）.

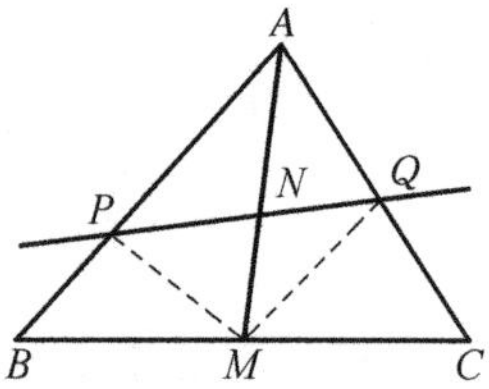

证明 由 $S_{\triangle APQ} = S_{\triangle APN} + S_{\triangle AQN}$，

得

$$\frac{S_{\triangle APQ}}{S_{\triangle ABC}} = \frac{S_{\triangle APN}}{2S_{\triangle ABM}} + \frac{S_{\triangle AQN}}{2S_{\triangle ACM}},$$

即

图 3-8

$$\frac{AP \cdot AQ}{AB \cdot AC} = \frac{1}{2}\left(\frac{AP \cdot AN}{AB \cdot AM} + \frac{AQ \cdot AN}{AC \cdot AM}\right).$$

两边同乘以 $\dfrac{AM \cdot AB \cdot AC}{AN \cdot AP \cdot AQ}$，得

$$\frac{AM}{AN} = \frac{1}{2}\left(\frac{AC}{AQ} + \frac{AB}{AP}\right).$$

这道题还可以这样证：

$$2 \cdot \frac{AM}{AN} = \frac{2S_{\text{四边形}APMQ}}{S_{\triangle APQ}} = \frac{S_{\triangle ABQ} + S_{\triangle ACP}}{S_{\triangle APQ}} = \frac{AB}{AP} + \frac{AC}{AQ}.$$

为什么此式中有 $2S_{\text{四边形}APMQ}=S_{\triangle ABQ}+S_{\triangle ACP}$？这得用到我们在下一节中要介绍的定比分点形式的共边定理.

例 6 后来被反复改编,出现在各种竞赛及高考试卷中,此处仅给出两个变式题（例 7 和例 8）. 掌握了例 6,我们就很容易证明这两个变式题.

例 7　在图 3-9 中,一条直线经过 $\triangle ABC$ 的重心 G,分别交 CA、CB 于点 P、Q,若 $\dfrac{CP}{CA}=h$, $\dfrac{CQ}{CB}=k$,求证：$\dfrac{1}{h}+\dfrac{1}{k}=3$.

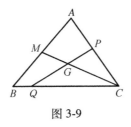

图 3-9

例 8　如图 3-10 所示,在 $\triangle ABC$ 中,CD 为中线,点 E、F 分别在 CA、CB 上,设 $\dfrac{AE}{EC}+\dfrac{BF}{FC}=1$,$EF$ 交 CD 于点 P,求证：P 为 $\triangle ABC$ 的重心（2005 年全国高中数学联赛试题）.

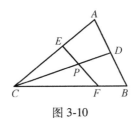

图 3-10

3.2　定比分点形式的共边定理

共边定理使得面积与线段之间能够很好地转化.

经进一步研究,能得到定比分点形式的共边定理,这一新的形式能够在面积之间实现转化.

定比分点形式的共边定理 若点 P、Q 在直线 AB 的同侧，点 R 在线段 PQ 上，$PR=kPQ$，则 $S_{\triangle RAB}=(1-k)S_{\triangle PAB}+kS_{\triangle QAB}$.

证明 若 $AB /\!/ PQ$，则 $S_{\triangle RAB}=S_{\triangle PAB}=S_{\triangle QAB}$，命题显然成立.

若 AB 与 PQ 有交点 M（见图 3-11），则 $\dfrac{S_{\triangle PAB}}{PM}=\dfrac{S_{\triangle RAB}}{RM}=\dfrac{S_{\triangle QAB}}{QM}$ 成立，从而

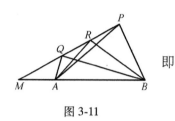

图 3-11

$$\frac{S_{\triangle PAB}-S_{\triangle RAB}}{PM-RM}=\frac{S_{\triangle RAB}-S_{\triangle QAB}}{RM-QM},$$

即

$$\frac{S_{\triangle PAB}-S_{\triangle RAB}}{S_{\triangle RAB}-S_{\triangle QAB}}=\frac{PM-RM}{RM-QM}=\frac{PR}{RQ}=\frac{k}{1-k}.$$

解得

$$S_{\triangle RAB}=(1-k)S_{\triangle PAB}+kS_{\triangle QAB}.$$

定比分点形式的共边定理说明 $S_{\triangle RAB}$ 可由 $S_{\triangle PAB}$ 和 $S_{\triangle QAB}$ 的线性组合表示，其大小介于二者之间：

$$\min(S_{\triangle PAB},S_{\triangle QAB})\leqslant S_{\triangle RAB}\leqslant\max(S_{\triangle PAB},S_{\triangle QAB}).$$

牵涉面积与不等式时，可用此性质缩放面积的大小.

推论 设 $\triangle ABC$ 的一个顶点 A 在多边形 $P_1P_2\cdots P_n$ 的内部或周界上，则一定存在某个顶点 P_k，使得 $S_{\triangle P_kBC}\geqslant S_{\triangle ABC}$.

证明 如图 3-12 所示，过点 A 作 BC 的平行线 L，任取一个不与 B、C 在 L 的同侧的顶点或落在 L 上的顶点 P_k，则 $S_{\triangle P_kBC}\geqslant S_{\triangle ABC}$. 图 3-12 中的 P_3、P_4、P_5 都符合要求.

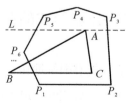

图 3-12

例 9　如图 3-13 所示，设 S_1、S_2、S_3 是三个多边形，A、B、C 三点分别在 S_1、S_2、S_3 上（包括内部和周界），求证：一定存在以 S_1、S_2、S_3 的顶点为顶点的 $\triangle P_1P_2P_3$，其面积不小于（不大于）所有这样的 $\triangle ABC$ 的面积.

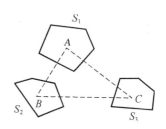

图 3-13

证明　我们可以固定点 B、C，让点 A 沿直线移到 S_1 的周界上的一点 K. 若 K 不是顶点，就再让它沿多边形的边移到顶点 P_1，使得 $S_{\triangle P_1BC} \geqslant S_{\triangle ABC}$. 同样，固定点 P_1、C，把点 B 移动到顶点 P_2，使得 $S_{\triangle P_1P_2C} \geqslant S_{\triangle P_1BC}$，再固定点 P_1、P_2，把点 C 移动到顶点 P_3，使得 $S_{\triangle P_1P_2P_3} \geqslant S_{\triangle ABC}$，所以，存在以多边形的顶点为顶点的三角形，其面积不小于 $\triangle ABC$ 的面积. 同理，可证存在以多边形的顶点为顶点的三角形，其面积不大于 $\triangle ABC$ 的面积.

例 10　在图 3-14 中，过圆 O 的一条直径的端点 A 作两条互相垂直的弦 AC、AD，若在劣弧 AC 上取一点 P，则 $S_{\triangle APB} = S_{\triangle APC} + S_{\triangle APD}$.

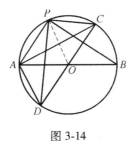

图 3-14

证明　由 $AC \perp AD$ 可知 CD 过圆心 O，则 $S_{\triangle APB} = 2S_{\triangle APO} = S_{\triangle APC} + S_{\triangle APD}$.

例 11　如图 3-15 所示，在 $\triangle ABC$ 中，D、E 分别是 AB、AC 上的点，F 是 DE 上的点，且 $\dfrac{BD}{DA} = \dfrac{AE}{EC} = \dfrac{DF}{FE} = k$，求证：$S_{\triangle BFC} = 2S_{\triangle ADE}$.

证明　设 $S_{\triangle ABC} = 1$，则

$$S_{\triangle ADE} = \frac{1}{1+k} \cdot \frac{k}{1+k} = \frac{k}{(1+k)^2},$$

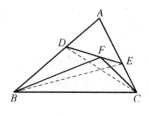

图 3-15

$$S_{\triangle BFC}=\frac{1}{1+k}S_{\triangle BDC}+\frac{k}{1+k}S_{\triangle BEC}=\frac{1}{1+k}\cdot\frac{k}{1+k}+\frac{k}{1+k}\cdot\frac{1}{1+k}=\frac{2k}{(1+k)^2},$$

所以

$$S_{\triangle BFC}=2S_{\triangle ADE}.$$

注意，当 $k=1$ 时，此题就是我们熟悉的情形了.

例 12 在图 3-16 中，已知 M、N 为平面内任一四边形 $ABCD$ 的一组对边 AD、BC 的中点，点 A_1、A_2 三等分 AB，点 D_1、D_2 三等分 DC. 求证：MN 被 A_1D_1、A_2D_2 三等分，且 A_1D_1、A_2D_2 被 MN 平分.

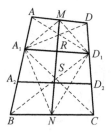

图 3-16

证明 因为

$$\frac{MR}{NR}=\frac{S_{\triangle MA_1D_1}}{S_{\triangle NA_1D_1}}=\frac{2S_{\triangle MA_1D_1}}{2S_{\triangle NA_1D_1}}=\frac{S_{\triangle AA_1D_1}+S_{\triangle DA_1D_1}}{S_{\triangle BA_1D_1}+S_{\triangle CA_1D_1}}$$

$$=\frac{S_{\triangle AA_1D_1}+S_{\triangle DA_1D_1}}{2S_{\triangle AA_1D_1}+2S_{\triangle DA_1D_1}}=\frac{1}{2},$$

所以，MN 被 A_1D_1 三等分.

同理，可证明其他结论.

此题用向量回路法来证明也特别有意思，对向量法有兴趣的读者可参看《绕来绕去的向量法》（张景中、彭翕成著）．

例 13 如图 3-17 所示，在正六边形 $ABCDEF$ 中，G、H 分别是 CD、DE 的中点，AG 交 BH 于点 I，求 $\dfrac{HI}{IB}$．

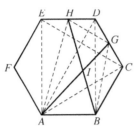

图 3-17

解 设六边形 $ABCDEF$ 的面积为 1，则

$$\frac{HI}{IB} = \frac{2S_{\triangle HAG}}{2S_{\triangle BAG}} = \frac{S_{\triangle HAD} + S_{\triangle HAC}}{S_{\triangle ABC} + S_{\triangle ABD}} = \frac{S_{\triangle HAD} + \dfrac{1}{2}(S_{\triangle EAC} + S_{\triangle DAC})}{S_{\triangle ABC} + S_{\triangle ABD}}$$

$$= \frac{\dfrac{1}{6} + \dfrac{1}{2}\left(\dfrac{1}{2} + \dfrac{1}{3}\right)}{\dfrac{1}{6} + \dfrac{1}{3}} = \frac{7}{6}.$$

例 14 如图 3-18 所示，在四边形 $ABCD$ 中，$\dfrac{AF}{AD} = \dfrac{CE}{CB}$，求证：$S_{\text{四边形}EGFH} = S_{\triangle ABH} + S_{\triangle DCG}$．

证明 由 $\dfrac{AF}{AD} = \dfrac{CE}{CB}$ 得 $\dfrac{DF}{AD} = \dfrac{BE}{CB}$，所以

$$S_{\triangle FBC} = \frac{FD}{AD} \cdot S_{\triangle ABC} + \frac{FA}{AD} \cdot S_{\triangle DBC} = \frac{FD}{AD} \cdot \frac{BC}{BE} \cdot S_{\triangle ABE} + \frac{FA}{AD} \cdot \frac{BC}{EC} \cdot S_{\triangle DEC}$$

$$= S_{\triangle ABE} + S_{\triangle DEC},$$

即

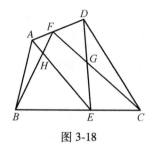

图 3-18

$$S_{四边形EGFH} = S_{\triangle ABH} + S_{\triangle DCG}.$$

很多资料上有类似的题目，都是此题取$\dfrac{AF}{AD} = \dfrac{CE}{CB} = \dfrac{1}{2}$时的特例．

例 15　如图 3-19 所示，$\triangle FEG$ 内接于$\square ABCD$，求证：$S_{\triangle FGE} \leqslant \dfrac{1}{2} S_{\square ABCD}$．

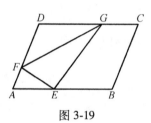

图 3-19

证明　不妨设 $S_{\triangle AGE} \leqslant S_{\triangle DGE}$，根据定比分点形式的共边定理可得 $S_{\triangle FGE} \leqslant S_{\triangle DGE}$，又因为 $S_{\triangle DGE} \leqslant S_{\triangle DEC} = \dfrac{1}{2} S_{\square ABCD}$，所以 $S_{\triangle FGE} \leqslant \dfrac{1}{2} S_{\square ABCD}$．

例 16　如图 3-20 所示，有大小两个固定的矩形纸片 $ABCD$ 和 $AB'C'D'$，其中 $AB = a$，$AD = b$，$AB' = ma$，$AD' = nb$．设 P、Q 是小矩形纸片上的任意两点，R 是大矩形纸片上的任意一点，求证：$S_{\triangle PQR} \leqslant \dfrac{1}{2} ab(m + n - mn)$．

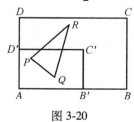

图 3-20

证明 用 A、B、C、D 中的某一个点代替 R，用 A、B'、C'、D' 中的某两个点代替 P、Q，在所得的所有三角形中，面积最大的是 $\triangle D'B'C$，易得

$$S_{\triangle PQR} \leqslant S_{\triangle D'B'C} = S_{\square ABCD} - S_{\triangle AB'D'} - S_{\triangle B'BC} - S_{\triangle DD'C}$$

$$= \frac{1}{2}ab(m+n-mn).$$

例 17 已知 $\triangle PQR$ 内有一个凸四边形 $ABCD$，求证：$S_{\triangle ABC}$、$S_{\triangle BCD}$、$S_{\triangle CDA}$ 和 $S_{\triangle ABD}$ 中至少有一个不超过 $\frac{1}{4}S_{\triangle PQR}$.

证明 不妨设 A、B、C、D 都在 $\triangle PQR$ 的周界上. 否则可以像图 3-21 那样用直线 AC、BD 与 $\triangle PQR$ 的周界的交点 A'、B'、C'、D' 代替 A、B、C、D. 显然有 $S_{\triangle ABC} \leqslant S_{\triangle A'B'C'}$，$S_{\triangle ABD} \leqslant S_{\triangle A'B'D'}$，等等.

如图 3-22 所示，设点 D 比点 A 离直线 QR 更近. 过点 D 作 QR 的平行线交 AB 于点 N，交 PR 于点 M. 由于 $ABCD$ 是凸四边形，线段 AB 与直线 CD 不相交，故 $S_{\triangle CDA}$ 和 $S_{\triangle BCD}$ 中至少有一个不大于 $S_{\triangle NCD}$. 于是只要证明 $S_{\triangle NCD} \leqslant \frac{1}{4}S_{\triangle PQR}$ 即可.

又因为 $S_{\triangle NCD} \leqslant S_{\triangle DMB}$，所以下面证明 $S_{\triangle DMB} \leqslant \frac{1}{4}S_{\triangle PQR}$.

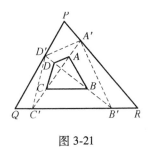

图 3-21

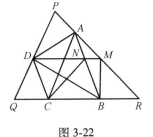

图 3-22

因为

$$\frac{S_{\triangle PQR}}{S_{\triangle DMB}} = \frac{S_{\triangle PQM} + S_{\triangle RQM}}{S_{\triangle DMB}} = \frac{S_{\triangle PQM}}{S_{\triangle QDM}} + \frac{S_{\triangle RQM}}{S_{\triangle RDM}}$$

$$= \frac{PQ}{DQ} + \frac{PQ}{PD} = 1 + \frac{PD}{DQ} + 1 + \frac{DQ}{PD} \geqslant 4,$$

所以

$$S_{\triangle DMB} \leqslant \frac{1}{4} S_{\triangle PQR}.$$

例 18 在 $\triangle ABC$ 的内部或边界上任取四点 P_1、P_2、P_3、P_4，如果这四个点中的任意三个点组成的三角形(这样的三角形共有四个)的面积都大于 $\frac{1}{4} S_{\triangle ABC}$，求证：这四个三角形中必有一个的面积大于 $\frac{3}{4} S_{\triangle ABC}$.

证明 根据例 17 的结论可知，P_1、P_2、P_3、P_4 四点不可能构成凸四边形，故其中肯定有一点落在另外三点所构成的三角形之内. 不妨设 P_4 落在 $\triangle P_1 P_2 P_3$ 之内，则

$$S_{\triangle P_1 P_2 P_3} = S_{\triangle P_1 P_2 P_4} + S_{\triangle P_2 P_3 P_4} + S_{\triangle P_1 P_3 P_4} > \frac{3}{4} S_{\triangle ABC}.$$

例 19 如图 3-23 所示，设 F、G、H、I、J 分别是凸五边形 $ABCDE$ 各边的中点，求证：$\frac{1}{2} < \dfrac{S_{五边形FGHIJ}}{S_{五边形ABCDE}} < \frac{3}{4}$.

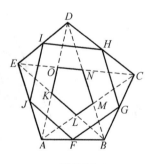

图 3-23

证明 连接五边形 $ABCDE$ 的对角线 AC、AD、BD、BE、CE，显然 $\triangle ABC$、$\triangle BCD$、$\triangle CDE$、$\triangle DEA$ 和 $\triangle EAB$ 不能将五边形 $ABCDE$ 覆盖两次，故

$$S_{\triangle ABC} + S_{\triangle BCD} + S_{\triangle CDE} + S_{\triangle DEA} + S_{\triangle EAB} < 2S_{五边形ABCDE},$$

所以

$$S_{\triangle FBG}+S_{\triangle GCH}+S_{\triangle HDI}+S_{\triangle IEJ}+S_{\triangle JAF}$$

$$=\frac{1}{4}(S_{\triangle ABC}+S_{\triangle BCD}+S_{\triangle CDE}+S_{\triangle DEA}+S_{\triangle EAB})<\frac{1}{2}S_{五边形 ABCDE},$$

即

$$S_{五边形 FGHIJ}>\frac{1}{2}S_{五边形 ABCDE}.$$

（这一结论曾作为第 26 届莫斯科数学竞赛试题．）

接下来要证明 $S_{五边形 FGHIJ}<\frac{3}{4}S_{五边形 ABCDE}$，只需证明 $S_{\triangle FBG}+S_{\triangle GCH}+S_{\triangle HDI}+S_{\triangle IEJ}+$

$S_{\triangle JAF}>\frac{1}{4}S_{五边形 ABCDE}$ 即可，即证明 $S_{\triangle ABC}+S_{\triangle BCD}+S_{\triangle CDE}+S_{\triangle DEA}+S_{\triangle EAB}>S_{五边形 ABCDE}$，也就

是证明 $S_{\triangle ABE}+S_{\triangle ABC}+S_{\triangle DEC}>S_{\triangle ABD}$．不妨设 $S_{\triangle ABE}>S_{\triangle ABC}$，则 $S_{\triangle ABE}>S_{\triangle ABO}$，此时只需

要证明 $S_{\triangle BNO}<S_{\triangle ABC}+S_{\triangle DNC}$．有两种情况：若 $S_{\triangle BCA}\geqslant S_{\triangle BCD}$，则 $S_{\triangle BCA}\geqslant S_{\triangle BCO}$，所以

$S_{\triangle BNO}<S_{\triangle ABC}+S_{\triangle DNC}$；若 $S_{\triangle BCA}<S_{\triangle BCD}$，则 $S_{\triangle BCO}<S_{\triangle BCD}$，即 $S_{\triangle BNO}<S_{\triangle DNC}$，所以 $S_{\triangle BNO}<$

$S_{\triangle ABC}+S_{\triangle DNC}$．

综上所述，$\dfrac{1}{2}<\dfrac{S_{五边形 FGHIJ}}{S_{五边形 ABCDE}}<\dfrac{3}{4}$．

3.3　从解析法看共边定理

共边定理研究的是四点连线得到交点之后的面积、线段比例问题．

在解析几何中，已知四点确定了两条直线，涉及交点问题时常常需要计算，较为烦琐，而共边定理能轻松消去交点．这是用面积消点法解题迅速的原因之一．

下面从解析法的角度研究共边定理．

在图 3-24 中，设直线 $Ax+By+C=0$ 与连接两定点 $M(x_1,y_1)$、$N(x_2,y_2)$ 的线段

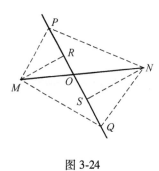

图 3-24

MN 交于点 O，$\overrightarrow{MO}=\lambda\overrightarrow{ON}$，则 $\lambda=-\dfrac{Ax_1+By_1+C}{Ax_2+By_2+C}$．

证明 设点 O 的坐标为 (x_0,y_0)，则

$$x_0=\frac{x_1+\lambda x_2}{1+\lambda},\quad y_0=\frac{y_1+\lambda y_2}{1+\lambda}.$$

将上述两式代入 $Ax+By+C=0$，得

$$A\cdot\frac{x_1+\lambda x_2}{1+\lambda}+B\cdot\frac{y_1+\lambda y_2}{1+\lambda}+C=0,$$

即

$$Ax_1+By_1+C+\lambda(Ax_2+By_2+C)=0,$$

所以

$$\lambda=-\frac{Ax_1+By_1+C}{Ax_2+By_2+C}.$$

此结果可变形为

$$\lambda=-\frac{\dfrac{Ax_1+By_1+C}{\sqrt{A^2+B^2}}}{\dfrac{Ax_2+By_2+C}{\sqrt{A^2+B^2}}}.$$

撇开符号不看，分子、分母显然就是点到直线的距离公式，与 $\lambda=\dfrac{MO}{NO}=\dfrac{MR}{NS}$ 吻合．

一些平面解析几何资料利用共边定理的解析形式解题，化简了交点的计算．但还是不如直接利用共边定理简便．

第4章 ▶▶▶

等积变换

本书已经介绍了共边定理以及相关变化．

共边定理研究直线相交的情况．若两直线平行，那么又当如何呢？这样想问题叫作从反面着想．对于数学里的很多命题，如果从反面想一想，往往就能开辟出新天地．

4.1　平行线与等积变换

一些科普书中常常出现下面这样的题目．

例1　在图 4-1 中，两个同心的正六边形的边对应平行，它们之间夹着 6 个三角形（图中的阴影部分），这些三角形的面积之间有何关系？

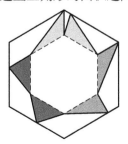

图 4-1

解 因为这 6 个三角形都可以看作以小正六边形的边为底，以两个正六边形的对应边之间的距离为高，所以它们的面积都相等．

例 2 勾股定理只适用于直角三角形．亚历山大里亚的帕普斯在《数学汇编》一书中对勾股定理进行了推广：如图 4-2 所示，设 AB 是 $\triangle ABC$ 的最长边，分别以 CA 和 CB 为边向 $\triangle ABC$ 外任作平行四边形 $ACED$ 和 $CBFG$. 设 DE 和 FG 相交于点 H，作 AL、BM 与 HC 平行且相等．求证：平行四边形 $BALM$ 的面积等于平行四边形 $ACED$ 和 $CBFG$ 的面积之和．

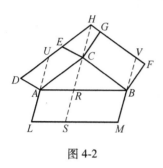

图 4-2

证明 延长 LA 交 DE 于点 U，延长 MB 交 FH 于点 V，延长 HC 分别交 AB、LM 于点 R、S，则

$$S_{\square ACED} = S_{\square ACHU} = S_{\square LSRA},$$

$$S_{\square CBFG} = S_{\square CBVH} = S_{\square SMBR},$$

所以

$$S_{\square BALM} = S_{\square ACED} + S_{\square CBFG}.$$

在处理以上两个问题时，都利用了两条平行线所夹的垂线段相等的性质，对四边形在保持面积相等的前提下进行变换．通常我们称这样的变换为等积变换．

需要注意的是，很多时候等积变换都是有平行线参与的．但从等积变换的定义来看，平行线的参与并非必需，譬如还可以利用全等三角形的面积相等的性质．凡是保持面积相等的变换都可以称为等积变换．另外，在立体几何中也将保持体积不变的变换称为等积变换．

例 3 在图 4-3 中，已知 $AB /\!/ GE$，$CD /\!/ FG$，$BE = EF = FC$，$\triangle AEG$ 面积为 7，求四边形 $AEFD$ 的面积．

解 因为 $S_{\triangle AEG} = S_{\triangle BEG} = S_{\triangle FEG} = S_{\triangle FCG} = S_{\triangle FDG}$，所以

$$S_{四边形 AEFD} = 3S_{\triangle AEG} = 21.$$

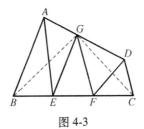

图 4-3

例 4　在图 4-4 中，已知正方形 $ABCD$ 的边长为 a，E 是 AB 延长线上的一点，以 BE 为边作正方形 $BEFG$，连接 AC、CF、FA，求 $S_{\triangle AFC}$.

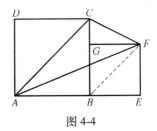

图 4-4

对于此题，一些资料还给出了 BE 的长度及计算公式.

$$S_{\triangle AFC}=S_{正方形ABCD}+S_{梯形BEFC}-S_{\triangle AEF}-S_{\triangle ACD}$$

其实 $S_{\triangle AFC}$ 的面积与 BE 的长度无关，又因为 $AC/\!/BF$，所以

$$S_{\triangle AFC}=S_{\triangle ABC}=\frac{a^2}{2}.$$

例 4 充分利用平行线的性质，对多边形进行等积变换，将不好计算的图形面积转化成容易计算的图形面积.

例 5　如图 4-5 所示，A、B、C 三点共线，四边形 $ABED$ 和 $BCGF$ 是正方形，$AB=4$，$BC=3$，求 $S_{\triangle BGD}$.

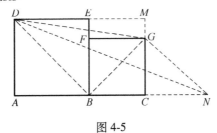

图 4-5

解法 1　如图 4-5 所示，延长 CG 和 DE，二者交于点 M，则

$$S_{\triangle BGD}=S_{矩形ACMD}-S_{\triangle ABD}-S_{\triangle BCG}-S_{\triangle GMD}$$

$$=(4+3)\times4-\frac{1}{2}\times4^2-\frac{1}{2}\times3^2-$$

$$\frac{1}{2}\times(4+3)\times1=12.$$

解法 2　如图 4-5 所示，过点 G 作 DB 的平行线交 AC 的延长线于点 N，则

$$S_{\triangle BGD}=S_{\triangle BND}=\frac{1}{2}\times(2\times3)\times4=12.$$

解法 3　易证 $\angle DBG=90°$，直接计算后得

$$S_{\triangle BGD}=\frac{1}{2}\times4\sqrt{2}\times3\sqrt{2}=12.$$

解法 1 运用割补法，是常规的解法；解法 2 利用了面积与平行线的关系，即等积变换；解法 3 则直接进行计算．解法 3 更直接，需要用到勾股定理．

例 6　如图 4-6 所示，梯形 $ABCD$ 的两腰 BA、CD 延长后交于点 E，在 BC 上任取一点 F，求证：$S_{四边形EAFD}^2=S_{\triangle EAD}\cdot S_{\triangle EBC}$.

证明　由 $BC//AD$ 得

$$S_{四边形EAFD}=S_{\triangle EAD}+S_{\triangle FAD}=S_{\triangle EAD}+S_{\triangle BAD}=S_{\triangle EBD}.$$

$$\frac{S_{四边形EAFD}^2}{S_{\triangle EAD}\cdot S_{\triangle EBC}}=\frac{S_{\triangle EBD}}{S_{\triangle EAD}}\cdot\frac{S_{\triangle EBD}}{S_{\triangle EBC}}=\frac{EB}{EA}\cdot\frac{ED}{EC}=1.$$

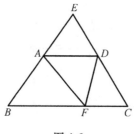

图 4-6

例 7 如图 4-7 所示，设 D 是 $\triangle ABC$ 的边 AB 上的一点，作 $DE /\!/ BC$ 交 AC 于点 E，作 $DF /\!/ AC$ 交 BC 于点 F. 已知 $\triangle ADE$、$\triangle DBF$ 的面积分别为 m 和 n，求四边形 $DFCE$ 的面积.

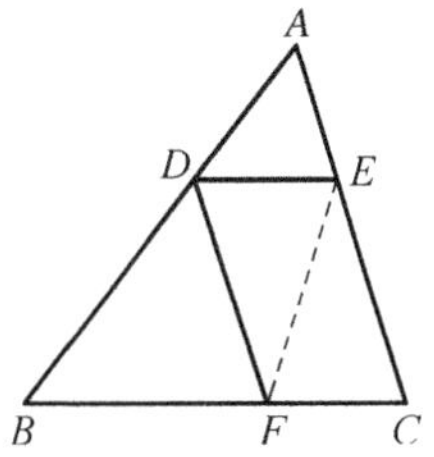

解法 1 由 $\triangle ADE \backsim \triangle ABC$ 得

$$\sqrt{\frac{S_{\triangle ADE}}{S_{\triangle ABC}}} = \frac{AD}{AB}.$$

图 4-7

由 $\triangle BDF \backsim \triangle BAC$ 得

$$\sqrt{\frac{S_{\triangle BDF}}{S_{\triangle BAC}}} = \frac{BD}{BA}.$$

两式相加，得

$$\sqrt{\frac{S_{\triangle ADE}}{S_{\triangle ABC}}} + \sqrt{\frac{S_{\triangle BDF}}{S_{\triangle BAC}}} = \frac{AD}{AB} + \frac{BD}{BA} = 1,$$

即

$$\sqrt{\frac{m}{S_{\triangle ABC}}} + \sqrt{\frac{n}{S_{\triangle ABC}}} = 1.$$

解得 $S_{\triangle ABC} = m + n + 2\sqrt{mn}$.

所以

$$S_{\text{四边形}DFCE} = 2\sqrt{mn}.$$

解法 2 因为

$$\frac{S_{\triangle ADE}}{S_{\triangle EFC}} = \frac{AE}{EC} = \frac{AD}{DB} = \frac{CF}{FB} = \frac{S_{\triangle EFC}}{S_{\triangle DBF}},$$

所以

$$S_{\triangle EFC} = \sqrt{S_{\triangle ADE} \cdot S_{\triangle DBF}} = \sqrt{mn}, \quad S_{\text{四边形}DFCE} = 2\sqrt{mn}.$$

例 8 如图 4-8 所示，$BD /\!/ CA$，$BA /\!/ CE$，求证：$S^2_{\triangle ABC} = S_{\triangle ABD} \cdot S_{\triangle AEC}$.

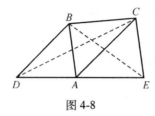

图 4-8

证明 连接 BE、CD.

$$\frac{S^2_{\triangle ABC}}{S_{\triangle ABD} \cdot S_{\triangle AEC}} = \frac{S_{\triangle BAE}}{S_{\triangle ABD}} \cdot \frac{S_{\triangle ACD}}{S_{\triangle AEC}} = \frac{AE}{AD} \cdot \frac{AD}{AE} = 1.$$

即

$$S^2_{\triangle ABC} = S_{\triangle ABD} \cdot S_{\triangle AEC}.$$

例 9 在图 4-9 中，若 D 是 $\triangle ABC$ 的边 BC 上一点，$DE /\!/ AB$，$DF /\!/ AC$，求证：$S^2_{\triangle AEF} = S_{\triangle BDF} \cdot S_{\triangle DCE}$.

证明 因为

$$\frac{S_{\triangle AEF}}{S_{\triangle BDF}} = \frac{AF}{BF}, \quad \frac{S_{\triangle AEF}}{S_{\triangle DCE}} = \frac{AE}{CE},$$

所以

$$\frac{S_{\triangle AEF}}{S_{\triangle BDF}} \cdot \frac{S_{\triangle AEF}}{S_{\triangle DCE}} = \frac{AF}{BF} \cdot \frac{AE}{CE} = \frac{AF}{BF} \cdot \frac{BD}{DC} = 1.$$

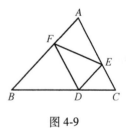

图 4-9

即

$$S^2_{\triangle AEF} = S_{\triangle BDF} \cdot S_{\triangle DCE}.$$

注意，例 7、例 8、例 9 在本质上是同一个题目，只是表述方式不同而已.

例 10 在图 4-10 中，已知点 D、E、F 分别在 $\triangle ABC$ 的边 BC、AB、CA 上，且 $DE /\!/ CA$，$DF /\!/ BA$，BF 交 DE 于点 G，CE 交 DF 于点 H，求证：$S_{\triangle AEF} = S_{\triangle BDG} + S_{\triangle CDH}$.

证明 由 $DE /\!/ CA$，$DF /\!/ BA$ 得

$$S_{\triangle BDF} = S_{\triangle CDE} = S_{\triangle DEF} = S_{\triangle AEF},$$

$$\frac{S_{\triangle BDG}}{S_{\triangle BDF}} = \frac{BG}{BF} = \frac{BD}{BC}, \quad \frac{S_{\triangle CDH}}{S_{\triangle CDE}} = \frac{CH}{CE} = \frac{CD}{BC}.$$

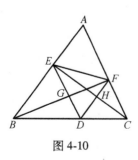

图 4-10

所以

$$\frac{S_{\triangle BDG}}{S_{\triangle AEF}}+\frac{S_{\triangle CDH}}{S_{\triangle AEF}}=\frac{BD}{BC}+\frac{CD}{BC}=1,\ 即\ S_{\triangle AEF}=S_{\triangle BDG}+S_{\triangle CDH}.$$

例 11　如图 4-11 所示，在平行四边形 $ABCD$ 中，E 是边 BC 上的一点，AE 交 BD 于点 F，已知 $\triangle BEF$ 的面积为 S_1，$\triangle ADF$ 的面积为 S_2，求平行四边形 $ABCD$ 的面积 S.

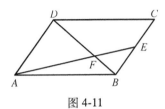

图 4-11

解　因为

$$\frac{S_1}{S_2}=\left(\frac{BE}{AD}\right)^2,\ \frac{\dfrac{S}{2}}{S_2}=\frac{BD}{FD}=1+\frac{BF}{FD}=1+\frac{BE}{AD},$$

所以

$$S=2S_2\left(1+\frac{BE}{AD}\right)=2S_2\left(1+\sqrt{\frac{S_1}{S_2}}\right)=2S_2+2\sqrt{S_1 S_2}.$$

例 12　如图 4-12 所示，在 $\triangle ABC$ 中，由点 A 作 $\angle B$ 的平分线的垂线 AD，由 C 作 $\angle B$ 的外角的平分线的垂线 CE，垂足分别为 D、E. 设 AD 的延长线交 CE 于点 F，求证：$S_{矩形BEFD}=S_{\triangle ABC}$.

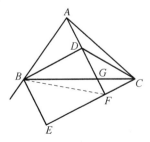

图 4-12

证明 设 AF 交 BC 于点 G，易得 $\triangle BGA$ 是等腰三角形，$AG=2DG$，则

$$S_{矩形BEFD}=2S_{\triangle BDF}=2S_{\triangle BDC}=S_{\triangle ABC}.$$

例 13 如图 4-13 所示，从 $\odot O$ 外的一点 P 向该圆作切线 PA、PB，设过点 A 的直径为 AC，求证：$S_{\triangle PBC}=\dfrac{1}{2}S_{\triangle ABC}.$

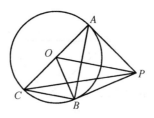

图 4-13

证明 因为 $AB \perp OP$，$AB \perp BC$，所以 $OP /\!/ CB$，则

$$S_{\triangle PBC}=S_{\triangle OBC}=\frac{1}{2}S_{\triangle ABC}.$$

例 14 如图 4-14 所示，已知 $AB /\!/ CD /\!/ EF$，求证：$\dfrac{AC}{CE}=\dfrac{BD}{DF}$（平行线截线段成比例定理）．

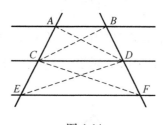

图 4-14

证明 $\dfrac{AC}{CE}=\dfrac{S_{\triangle ACD}}{S_{\triangle ECD}}=\dfrac{S_{\triangle BCD}}{S_{\triangle FCD}}=\dfrac{BD}{DF}.$

以上题目大多是已知直线平行来求证面积相等，这类题目相对容易．而通过面积相等来证明直线平行要稍难一些．

例 15 如图 4-15 所示，在四边形 $ABCD$ 中，E、F、G、H 是四边的中点，

AG 交 *DE* 于 *I*, *BG* 交 *CE* 于点 *J*, 求证：*IJ//HF*.

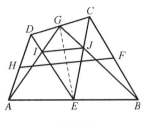

图 4-15

证明 由 $S_{\triangle GAE}=S_{\triangle GBE}$, $S_{\triangle ECG}=S_{\triangle EDG}$ 得

$$S_{\triangle IAE}+S_{\triangle JCG}=S_{\triangle JEB}+S_{\triangle IGD},$$

$$S_{\triangle IAE}-S_{\triangle JEB}=S_{\triangle IGD}-S_{\triangle JCG},$$

$$\frac{1}{2}(S_{\triangle IAB}-S_{\triangle JAB})=\frac{1}{2}(S_{\triangle ICD}-S_{\triangle JCD}),$$

$$S_{\triangle IJA}-S_{\triangle IJB}=S_{\triangle IJD}-S_{\triangle IJC},$$

$$S_{\triangle IJA}-S_{\triangle IJD}=S_{\triangle IJB}-S_{\triangle IJC},$$

$$2S_{\triangle IJH}=2S_{\triangle IJF},$$

所以

$$IJ//HF.$$

例 16 在四边形 *ABCD* 内任取一点 *P*, $S_{\triangle PAB}+S_{\triangle PCD}$ 为定值, 求证：四边形 *ABCD* 是平行四边形.

证明 如图 4-16 所示, 作 *EF//AB*, 当点 *P* 在 *EF* 上运动时, $S_{\triangle PAB}$ 为定值, 则 $S_{\triangle PCD}$ 为定值, 所以 *CD//EF//AB*.

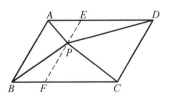

图 4-16

而在四边形 $ABCD$ 中，点 P 的运动保持 $S_{\triangle PAB}+S_{\triangle PCD}$ 为定值，则 $S_{\triangle PAD}+S_{\triangle PBC}$ 也为定值，同理，可得 $AD \parallel BC.$

所以，四边形 $ABCD$ 是平行四边形.

例 17 如图 4-17 所示，G、H 是四边形 $ABCD$ 的对角线 AC 的三等分点，且 $S_{\triangle ADE}=S_{\triangle CDF}=\dfrac{1}{4}S_{\text{四边形}ABCD}$，求证：四边形 $ABCD$ 是平行四边形.

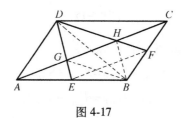

图 4-17

证明 因为

$$S_{\triangle ADE}=S_{\triangle CDF}=\frac{1}{4}S_{\text{四边形}ABCD}，\quad S_{\triangle DAG}=S_{\triangle DCH}，$$

所以

$$S_{\triangle EAG}=S_{\triangle FCH}，\quad EF \parallel AC.$$

于是

$$\frac{S_{\triangle ADE}}{S_{\triangle BDE}}=\frac{AE}{BE}=\frac{CF}{FB}=\frac{S_{\triangle CDF}}{S_{\triangle BDF}}，$$

$$S_{\triangle ADE}=S_{\triangle BDE}=S_{\triangle BDF}=S_{\triangle CDF}.$$

因此，E、F 分别是 AB、BC 的中点.

根据三角形中位线定理，可知 $BH \parallel EG$，$BG \parallel FH$，四边形 $BHDG$ 是平行四边形，对角线 BD 与 GH 互相平分.

进一步可得 AC 和 BD 互相平分，所以四边形 $ABCD$ 是平行四边形.

例 18 如图 4-18 所示，四边形 $PQMN$ 内接于平行四边形 $ABCD$.

(1) 若 $MP \parallel BC$ 或 $NQ \parallel AB$，求证：$S_{\text{四边形}PQMN}=\dfrac{1}{2}S_{\square ABCD}$.

（2）若 $S_{四边形PQMN}=\dfrac{1}{2}S_{\square ABCD}$，能否推导出 $MP/\!/BC$ 或 $NQ/\!/AB$? 证明你的结论.

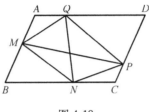

图 4-18

证明 （1）若 $MP/\!/BC$，则

$$S_{\triangle MPN}=\dfrac{1}{2}S_{\square BCPM}, \quad S_{\triangle MPQ}=\dfrac{1}{2}S_{\square MPDA},$$

所以

$$S_{四边形PQMN}=\dfrac{1}{2}S_{\square ABCD}.$$

对于 $NQ/\!/AB$ 的情形，也可用类似的方法证明.

（2）假设 $S_{四边形PQMN}=\dfrac{1}{2}S_{\square ABCD}$，且 $MP/\!/BC$ 和 $NQ/\!/AB$ 都不成立. 如图 4-19 所示，过点 M 作 BC 的平行线交 CD 于点 K，则由（1）可知 $S_{四边形KQMN}=\dfrac{1}{2}S_{\square ABCD}$，于是 $S_{\triangle PQN}=S_{\triangle KQN}$，所以 $NQ/\!/CD/\!/AB$，与假设矛盾. 故能推导出 $MP/\!/BC$ 或 $NQ/\!/AB$.

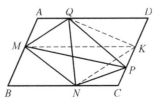

图 4-19

4.2 蝶形定理

用面积法解决平行线相关问题时经常会遇到"蝶形". 什么叫蝶形呢？下面通过具体例子来说明.

例 19 如图 4-20 所示，若直线 DG 分别交平行四边形 $ABCD$ 的对角线 AC、边 BC 及 AB 的延长线于点 E、F、G，求证：$\dfrac{CF^2}{CB^2}=\dfrac{EF}{EG}$.

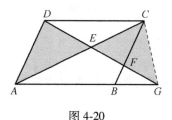

图 4-20

证明
$$\left(\frac{CF}{CB}\right)^2=\left(\frac{CF}{DA}\right)^2=\frac{S_{\triangle CEF}}{S_{\triangle ADE}}=\frac{S_{\triangle CEF}}{S_{\triangle GCE}}=\frac{EF}{EG}.$$

在图 4-20 中，$\triangle ADE$ 和 $\triangle GCE$ 看似蝴蝶的一对翅膀，蝶形因此得名. 又因为 $AG /\!/ DC$，所以 $S_{\triangle DAG}=S_{\triangle CAG}$，从而 $S_{\triangle ADE}=S_{\triangle GCE}$，即两个蝶形的面积相等. 这就是**蝶形定理**.

例 20 如图 4-21 所示，从 $\triangle ABC$ 的各顶点出发作三条平行线 AD、BE、CF 分别交对边或其延长线于点 D、E、F，求证：$S_{\triangle DEF}=2S_{\triangle ABC}$.

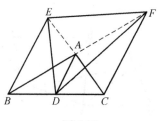

图 4-21

证明 将 $\triangle DEF$ 分解成三部分考虑.

$$S_{\triangle DEF} = S_{\triangle DEA} + S_{\triangle DFA} + S_{\triangle EFA} = S_{\triangle DBA} + S_{\triangle DCA} + S_{\triangle EFA}$$

$$= S_{\triangle ABC} + S_{\triangle EFA} = 2S_{\triangle ABC}.$$

其中，$S_{\triangle ABC} = S_{\triangle EFA}$ 由 $BE /\!/ CF$ 及蝶形定理得来.

本题还可以得到结论：$S_{\triangle ABC} = S_{\triangle EFA} = S_{\triangle BDF} = S_{\triangle CDE}$.

例 21 如图 4-22 所示，在六边形 $ABCDEF$ 中，$AB /\!/ ED$，$BC /\!/ FE$，$CD /\!/ AF$，求证：$S_{\triangle ACE} = S_{\triangle BDF}$（1958 年匈牙利数学奥林匹克竞赛试题）.

证明 如图 4-23 所示，连接 AD、BE、CF，得到三个交点 R、S、T.

在梯形 $ABDE$ 中，$ED /\!/ AB$，由蝶形定理得 $S_{\triangle AER} = S_{\triangle BDR}$.

同理，$S_{\triangle CET} = S_{\triangle BFT}$，$S_{\triangle ACS} = S_{\triangle DFS}$.

所以

$$S_{\triangle ACE} = S_{\triangle AER} + S_{\triangle CET} + S_{\triangle ACS} + S_{\triangle RST}$$

$$= S_{\triangle BDR} + S_{\triangle BFT} + S_{\triangle DFS} + S_{\triangle RST}$$

$$= S_{\triangle BDF}.$$

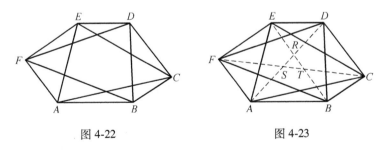

图 4-22   图 4-23

例 22 如图 4-24 所示，从四边形 $ABCD$ 的各个顶点出发作四条平行线分别交不过该顶点的对角线于 E、F、G、H 四点，求证：$S_{四边形ABCD} = S_{四边形EHGF}$.

证明 由 $GC /\!/ FB$ 及蝶形定理得 $S_{\triangle OFG} = S_{\triangle OBC}$. 由 $AE /\!/ DH$ 及蝶形定理得 $S_{\triangle DAO} = S_{\triangle HEO}$.

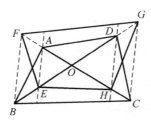

图 4-24

所以，$S_{\text{四边形}ADGF}=S_{\text{四边形}BCHE}$.

由 $FB /\!/ AE$ 及 $DH /\!/ GC$ 得 $S_{\triangle FAE}=S_{\triangle BAE}$，$S_{\triangle GDH}=S_{\triangle CDH}$.

所以，$S_{\text{四边形}ABCD}=S_{\text{四边形}EHGF}$.

如果你知道四边形的面积公式 $S=\dfrac{1}{2}mn\sin\theta$，其中 m、n 分别是两条对角线的长度，θ 是两条对角线的夹角，则本题也可以这样考虑：将四边形 $ABCD$ 和 $EHGF$ 都看作由它们的公共部分——四边形 $AEHD$ 衍生而来. 读者不妨试一试.

例 23 如图 4-25 所示，若延长四边形 $ABCD$ 的各边，在其外部生成的 $\triangle BCE$、$\triangle CDF$ 的面积相等，求证：此四边形的面积被其一条对角线平分.

证明 如图 4-26 所示，连接 AC、BD、EF，由 $S_{\triangle CDF}=S_{\triangle CBE}$ 得 $BD /\!/ EF$，所以

$$\frac{S_{\triangle DAC}}{S_{\triangle BAC}}=\frac{S_{\triangle DAC}}{S_{\triangle CDF}}\cdot\frac{S_{\triangle BCE}}{S_{\triangle BAC}}=\frac{AD}{DF}\cdot\frac{BE}{AB}=1 .$$

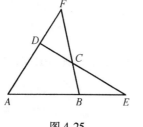

图 4-25

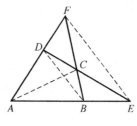

图 4-26

这表明四边形 $ABCD$ 的面积被对角线 AC 平分.

此题看似平凡无奇,实在让人难以想象它会跟一个著名的单尺作图问题联系在一起,见后面的例 24.

4.3　单尺作图

尺规作图历史悠久,影响深远,特别是古希腊三大几何难题更是吸引了无数数学爱好者. 尺规作图看似简单,其实奥妙无穷,具有挑战性,能够培养数学思维和数学能力. 随着人们的数学水平的提高,从最开始的尺规作图又引发出了单规作图、单尺作图等更高难度的作图方式.

下面介绍单尺作图的几个实例,并用面积法给出证明.

例 24　已知线段 AB 和平行于 AB 的直线 CD,仅用直尺求作线段 AB 的中点.

作法　如图 4-27 所示,按以下方法作图.

（1）作出线段 AB 和直线 CD.

（2）在线段 AB 和直线 CD 外任取一点 E,连接 AE、BE 分别交直线 CD 于点 F、G.

（3）连接 AG、BF 交于点 H.

（4）延长 EH 交 AB 于点 I,点 I 即为所求的中点.

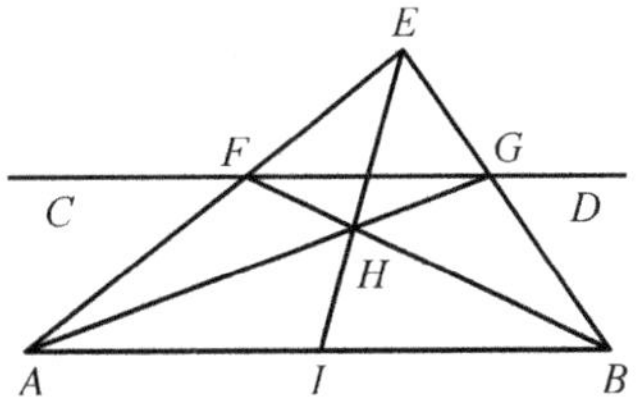

图 4-27

证明　$\dfrac{AI}{BI} = \dfrac{S_{\triangle AEH}}{S_{\triangle BEH}} = \dfrac{S_{\triangle AEH}}{S_{\triangle AHB}} \cdot \dfrac{S_{\triangle AHB}}{S_{\triangle BEH}} = \dfrac{EG}{BG} \cdot \dfrac{AF}{EF} = \dfrac{S_{\triangle EFG}}{S_{\triangle BFG}} \cdot \dfrac{S_{\triangle AFG}}{S_{\triangle EFG}} = 1.$

最后一步用到 $AB /\!/ CD$. 可用类似方法证明 EH 平分 FG. 这也是梯形中一个很有用的结论:延长梯形两腰所得的交点和两对角线的交点的连线平分该梯形的上底和下底. 在前面的例 23 中,AC 平分 BD 就是这个道理. 你可能觉得例 24 很简单,其实不然.

1978 年举行全国中学生数学竞赛时,数学大师华罗庚在北京主持命题小组的工作. 著名数学家苏步青写信给华罗庚，建议出这个题目，但命题小组认为这个题目太难，将其改成"给出作好的图形，只要证明". 可见此题的难度不小.

例 25 已知线段 AB 和平行于 AB 的直线 CD，仅用直尺求作线段 AB 的 n 等分点.

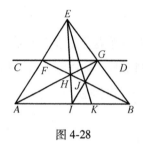

图 4-28

作法 如图 4-28 所示，作图方法如下.

（1）按例 24 的方法作出 AB 的中点 I.

（2）连接 IG 交 BF 于点 J，延长 EJ 交 AB 于点 K，则点 K 为 AB 的三等分点.

（3）通过类似操作即可得到线段 AB 的四等分点、五等分点等.

例 26 给定平行直线 AB 和 CD，试过线外的一点 E，仅用直尺作平行于 AB 的直线.

作法 如图 4-29 所示，先按例 24 的方法作出 AB 的中点 I. 再在 AE 的延长线上任取一点 J，连接 JI 交 BE 于点 K，连接 JB 交 AK 的延长线于点 L，直线 EL 即为所求的直线.

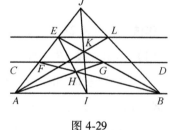

图 4-29

证明 因为

$$\frac{JL}{LB} = \frac{S_{\triangle JKA}}{S_{\triangle BKA}} = \frac{S_{\triangle JKA}}{S_{\triangle JKB}} \cdot \frac{S_{\triangle JKB}}{S_{\triangle BKA}} = \frac{AI}{BI} \cdot \frac{JE}{EA} = \frac{JE}{EA},$$

所以

$$EL /\!/ AB.$$

例 27 给定平行直线 AB 和 CD，试仅用直尺作直线 AB 上的一点 O，使得 $AB = OB$.

作法 如图 4-30 所示，按例 26 所讲的方法作出 AB 的平行线 EL. 设 BF 交 LE 的延长线于点 M，延长 MG 交 AB 的延长线于点 O，点 O 即为所求的点.

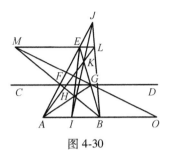

图 4-30

证明 因为

$$\frac{S_{\triangle AGB}}{S_{\triangle EFB}} = \frac{S_{\triangle AFB}}{S_{\triangle EFB}} = \frac{AF}{FE} = \frac{OG}{GM} = \frac{S_{\triangle OGB}}{S_{\triangle MGB}} = \frac{S_{\triangle OGB}}{S_{\triangle EFB}},$$

所以

$$S_{\triangle AGB} = S_{\triangle OGB}, \quad AB = OB.$$

例 28 如图 4-31 所示,已知边长为 1 的正六边形 $ABCDEF$,其中心为 O,仅用直尺作出长度为 $\frac{1}{2}$、$\frac{1}{3}$、$\frac{1}{4}$、$\frac{1}{5}$ 的线段.

解 作法是多样的,图 4-32 就是其中一种.

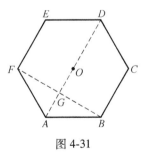

图 4-31

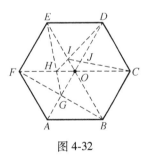

图 4-32

连接 AD、BF 交于点 G,则 $AG = \frac{1}{2}$.

连接 FC、EG 交于点 H,则 $\dfrac{HO}{ED} = \dfrac{GO}{GD} = \dfrac{\frac{1}{2}}{\frac{1}{2}+1} = \dfrac{1}{3}$,所以 $HO = \dfrac{1}{3}$.

连接 EB、HD 交于点 I，则 $\dfrac{IO}{DC} = \dfrac{HO}{HC} = \dfrac{\frac{1}{3}}{\frac{1}{3}+1} = \dfrac{1}{4}$，所以 $IO = \dfrac{1}{4}$.

连接 CI 交 AD 于点 J，则 $\dfrac{OJ}{BC} = \dfrac{IO}{IB} = \dfrac{\frac{1}{4}}{\frac{1}{4}+1} = \dfrac{1}{5}$，所以 $OJ = \dfrac{1}{5}$.

最后，以一个极简单的例子结束本章. 这道题目"如此简单"，但许多人想了很久也想不出如何对阴影部分实施等积变形.

如图 4-33 所示，求阴影部分的面积.

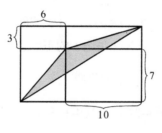

图 4-33

$\left(\text{此题的答案是} \dfrac{1}{2}\times16\times10 - 3\times6 - \dfrac{1}{2}\times7\times6 - \dfrac{1}{2}\times3\times10 = 26.\right)$

每个人都有惯性思维，做了这么多等积变换的题目，难免转不过弯来. 我们还是进入下一章吧，介绍面积割补法.

第 **5** 章 ▶▶▶

面积割补

出入相补原理是中国古代数学特别是几何学最基本的原理之一，说的是"一个平面图形从一处移置他处，面积不变. 又若把图形分割成若干块，那么各部分面积的和等于原来图形的面积，因而图形移置前后诸面积间的和、差有简单的相等关系. 立体的情形也是这样".

此原理出自三国时魏国数学家刘徽在注《九章算术》勾股术时说的一段话："勾自乘为朱方，股自乘为青方，令出入相补，各从其类，因就其余不移动也，合成弦方之幂".

通俗地说，出入相补就是有借有还，再借不难.

出入相补又称为面积割补. 如何割是关键. 既可以割下后移往它处，也可以割补之后不移动.

只分割而不移位置的面积割补称为细分法.

5.1 细分法

在一张画满小方格的纸上通过数方格来探究勾股定理应该算是细分法的典范了. 如图 5-1 所示，$\triangle ABC$ 是直角三角形，分别以它的三条边为边向外作正方形，我们发现斜边上的正方形的面积等于两直角边上的正方形面积之和. 对于初学者而言，无须强调勾股定理有多少种奇特的证明，用这种平常的方法就能给他直观而深刻的感受.

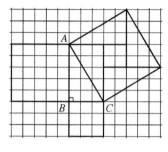

图 5-1

例1 求圆的内接正六边形和外切正六边形的面积比.

如果这个问题通过计算进行求解，那么就走弯路了. 我们只要将图形细分（见图 5-2），就能很容易看出两个六边形的面积比是 $\dfrac{3}{4}$.

类似地，如果要问图 5-3 中阴影部分的面积占整个正六边形面积的几分之几，也可以采取细分的方法，得到的答案为 $\dfrac{12}{18} = \dfrac{2}{3}$.

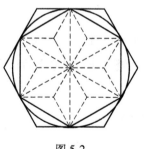

图 5-2

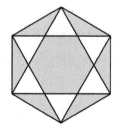

图 5-3

例2 如图 5-4 所示，在三角形中，两条与底边平行的线段将三角形的另外两条边三等分，图中阴影部分的面积占整个三角形的几分之几?

解法1（割补法） 如图 5-5 所示，将三角形补成平行四边形，显然图 5-5 中阴影部分的面积占平行四边形面积的 $\dfrac{1}{3}$，图 5-4 中阴影部分的面积也占整个三角

形面积的 $\dfrac{1}{3}$.

解法 2（细分法）　如图 5-6 所示，将原三角形进一步细分，阴影部分的面积占整个三角形面积的 $\dfrac{3}{9}=\dfrac{1}{3}$.

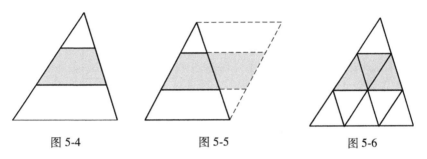

图 5-4　　　　　　　　图 5-5　　　　　　　　图 5-6

显然细分法少了另外作图的麻烦，只需在已知图形内加一些分割线，更简单一些.

例 3　如图 5-7 所示，正方形 *ABCD* 的对角线 *BD* 将它分成两个等腰直角三角形，这两个等腰直角三角形各含有内接正方形 *AEFG* 和

HIJK. 求 $\dfrac{S_{\text{正方形}AEFG}}{S_{\text{正方形}HIJK}}$.

解题的关键就在于发现 $DH=HK=HI=IB$.

解法 1　设正方形 *ABCD* 的边长为 a，则

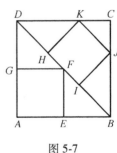

图 5-7

$$\frac{S_{\text{正方形}AEFG}}{S_{\text{正方形}HIJK}}=\frac{\left(\dfrac{a}{2}\right)^2}{\left(\dfrac{\sqrt{2}a}{3}\right)^2}=\frac{9}{8}.$$

解法 2（细分法）　如图 5-8 所示，设 $S_{\triangle ABD}=1$，则

$$\frac{S_{\text{正方形}AEFG}}{S_{\text{正方形}HIJK}}=\frac{\dfrac{1}{2}}{\dfrac{4}{9}}=\frac{9}{8}.$$

通过上面的分析，我们发现 $S_{正方形AEFG}>S_{正方形HIJK}$. 如果将 $S_{正方形HIJK}+S_{正方形LMCN}$ 与 $S_{正方形AEFG}$ 进行比较（见图5-9），则将如何？

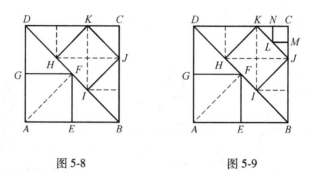

图 5-8　　　　　　图 5-9

解法1　设 $S_{\triangle ABD}=1$，则

$$S_{正方形HIJK}+S_{正方形LMCN}=\frac{4}{9}+\frac{1}{9}\times\frac{1}{2}=\frac{1}{2},$$

所以

$$S_{正方形HIJK}+S_{正方形LMCN}=S_{正方形AEFG}.$$

我们有更巧妙的办法来解题，根本用不着动笔.

解法2　显然有 $S_{正方形HIJK}=\frac{1}{2}S_{梯形DBJK}$，$S_{正方形LMCN}=\frac{1}{2}S_{\triangle KJC}$，

所以

$$S_{正方形HIJK}+S_{正方形LMCN}=\frac{1}{2}S_{\triangle BCD}=S_{正方形AEFG}.$$

这一招利用 KJ 分割 $\triangle BCD$，使得图形面积的倍数关系更清楚了.

例4　如图5-10所示，在矩形 $ABCD$ 中，$EF/\!/BC$，$HG/\!/AB$，如果矩形 $AEOH$、$HOFD$、$OGCF$ 的面积分别为9、4、7，那么 $\triangle HBF$ 的面积为多少？

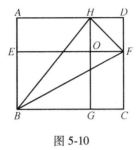

图 5-10

解法 1　因为

$$S_{矩形AEOH} : S_{矩形HOFD} = AH : HD = 9 : 4,$$

$$S_{矩形OGCF} : S_{矩形HOFD} = CF : FD = 7 : 4,$$

所以

$$S_{矩形ABCD} = \frac{DC}{DF} \cdot S_{矩形AEFD} = \frac{11}{4} \times (9+4) = \frac{143}{4},$$

$$S_{\triangle ABH} = \frac{1}{2} S_{矩形ABGH} = \frac{1}{2} \cdot \frac{AH}{AD} \cdot S_{矩形ABCD} = \frac{1}{2} \times \frac{9}{13} \times \frac{143}{4} = \frac{99}{8},$$

$$S_{\triangle BCF} = \frac{1}{2} \cdot \frac{FC}{DC} \cdot S_{矩形ABCD} = \frac{91}{8},$$

$$S_{\triangle HDF} = \frac{1}{2} S_{矩形HOFD} = 2.$$

$$S_{\triangle HBF} = S_{矩形ABCD} - S_{\triangle ABH} - S_{\triangle BCF} - S_{\triangle HDF} = \frac{143}{4} - \frac{99}{8} - \frac{91}{8} - 2 = 10.$$

　　题目出自 2002 年第十七届"迎春杯"初一年级数学竞赛，上述解答来自开明出版社 2005 年出版的《"迎春杯"初中数学竞赛历届真题全编详解》.

　　如果不能直接求出面积，则可以采用上面的方法求出待求面积的"对立面"，再采用整体减去. 但此题不必如此大费周折.

将待求面积进行分割，若分割后各小块的面积能一一求出，则也是可行的．遇到这种情况时，如何分割就成了关键．对于此题，分割点是现成的点 O．

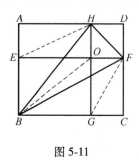

图 5-11

解法 2（细分法） 参见图 5-11．

$$S_{\triangle HBF} = S_{\triangle HOB} + S_{\triangle BOF} + S_{\triangle FOH}$$

$$= S_{\triangle HOE} + S_{\triangle GOF} + S_{\triangle FOH}$$

$$= \frac{1}{2}S_{矩形AEOH} + \frac{1}{2}S_{矩形OGCF} + \frac{1}{2}S_{矩形HOFD}$$

$$= \frac{1}{2} \times (9+4+7) = 10.$$

例 5 已知 D、E、F 分别是 $\triangle ABC$ 的三条边的三等分点，G、H、I 是 AD、BE、CF 相互的交点，求证：$7S_{\triangle GHI} = S_{\triangle ABC}$．

证明 如图 5-12 所示，过点 A、B、C 分别作 BE、AD 的平行线，得到一个平行四边形．过点 G、H、I 分别作平行四边形各边的平行线，再过平行四边形各边的三等分点作对角线 MC 的平行线．这些直线把平行四边形分割成 18 个与 $\triangle GHI$ 全等的小三角形．我们容易看出 $7S_{\triangle GHI} = S_{\triangle ABC}$．

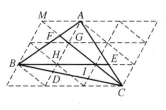

图 5-12

例 6 设 $\triangle ABC$ 的三条高分别为 l、m、n，内切圆的半径为 r，求证：$\frac{1}{r} = \frac{1}{l} + \frac{1}{m} + \frac{1}{n}$．

证明 如图 5-13 所示，设三条高 l、m、n 所对应的边的长度分别为 a、b、c．根据面积关系列等式：

$$S = \frac{1}{2}r(a+b+c) = \frac{1}{2}al = \frac{1}{2}bm = \frac{1}{2}cn,$$

所以

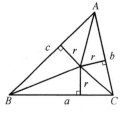

图 5-13

$$\frac{2S}{r} = \frac{2S}{l} + \frac{2S}{m} + \frac{2S}{n}, \quad 即 \frac{1}{r} = \frac{1}{l} + \frac{1}{m} + \frac{1}{n}.$$

例 7 如图 5-14 所示，正十二边形的四个顶点落在正方形的四条边的中点，证明：阴影部分的面积是正十二边形面积的 $\dfrac{1}{12}$，单位圆的内接正十二边形的面积等于 3.

证明 如图 5-15 所示，设 $OA = 1$，则

$$S_{\triangle AOB} = S_{\triangle BOC} = S_{\triangle COD} = \frac{1}{4},$$

$$S_{五边形AMDCB} = \frac{1}{4}, \quad S_{五边形OABCD} = \frac{3}{4},$$

即单位圆的内接正十二边形的面积等于 3，阴影部分的面积是正十二边形面积的 $\dfrac{1}{12}$.

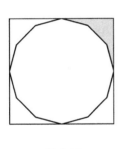

图 5-14

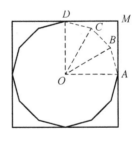

图 5-15

例 8 如图 5-16 所示，在 $\triangle ABC$ 中，AB、BC、CA 的中点分别为 D、E、F，过这三个点分别向 $\triangle ABC$ 的另外两条边作垂线段，得到三个交点 M、N、P，求证：$2S_{六边形DMENFP} = S_{\triangle ABC}$.

证明 如图 5-17 所示，作 $\triangle DEF$ 的垂心 Q，连接 QD、QE、QF，易得四边形 $DMEQ$、$ENFQ$、$FPDQ$ 是平行四边形，所以 $2S_{六边形DMENFP} = 4S_{\triangle DEF} = S_{\triangle ABC}$.

此处的垂心好似一块仙石，天外飞来，一点定乾坤！当然，如果从题中已有的 6 组垂直关系展开联想，想到垂心也不足为奇了．就如同我们看到题目中已经

有多个中点，自然会想再增加几个中点，好利用中位线的性质.

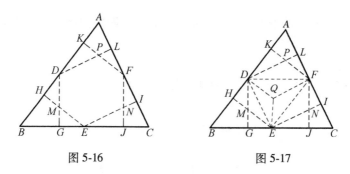

图 5-16   图 5-17

例 9 分别过锐角三角形 ABC 的三个顶点作它的外接圆的三条直径 AD、BE、CF，求证：$S_{\triangle ABC}=S_{\triangle AFB}+S_{\triangle BDC}+S_{\triangle CEA}$.

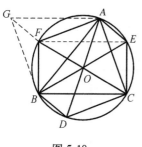

图 5-18

要证明的是一大块区域的面积等于三小块区域的面积之和，我们可以想办法将小区域合并成一个大区域，或者将大区域分割成三个小区域.

证法 1 如图 5-18 所示，作平行四边形 $BCAG$，由四边形 $BCEF$ 是矩形不难证得 $\triangle BFG\cong\triangle CEA$，$S_{\triangle BFG}=S_{\triangle CEA}$.

同理，可证明 $S_{\triangle BDC}=S_{\triangle FAG}$.

所以

$$S_{\triangle ABC}=S_{\triangle ABG}=S_{\triangle AFB}+S_{\triangle BDC}+S_{\triangle CEA}.$$

证法 2 考虑到三条直径对应三个直角，我们可以作出 $\triangle ABC$ 的垂心 H. 如图 5-19 所示，易证四边形 $BDCH$、$HCEA$、$BHAF$ 是平行四边形，那么

$$S_{\triangle ABC}=S_{\triangle AHB}+S_{\triangle BHC}+S_{\triangle CHA}$$

$$=S_{\triangle AFB}+S_{\triangle BDC}+S_{\triangle CEA}.$$

证法 3 图形的分割方法可能不止一种. 我们完全不需要引入垂心，题目已经给我们提供了天然的分割方法，如图 5-20 所示.

$$S_7+S_1=S_6+S_5，\quad S_8+S_2=S_3+S_4，$$

$$S_9+S_3=S_2+S_1，\quad S_{10}+S_4=S_5+S_6，$$

$$S_{11}+S_5=S_4+S_3, \quad S_{12}+S_6=S_1+S_2,$$

六式相加，得

$$S_7+S_8+S_9+S_{10}+S_{11}+S_{12}=S_6+S_5+S_4+S_3+S_2+S_1,$$

即

$$S_{\triangle ABC}=S_{\triangle AFB}+S_{\triangle BDC}+S_{\triangle CEA}.$$

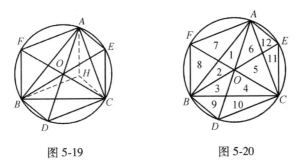

图 5-19   图 5-20

证法 4 图形中的垂直条件可用，它不仅仅可以用作垂心，也可以另作他用，只要联想到圆内有很多天然的等腰三角形行了．如图 5-21 所示，G、H、I 分别是 BC、CA、AB 的中点，易证

$$\triangle ABC \backsim \triangle GHI, \quad \triangle AFB \backsim \triangle HOG,$$

$$\triangle BDC \backsim \triangle IOH, \quad \triangle CEA \backsim \triangle GOI,$$

所以

$$S_{\triangle ABC}=4S_{\triangle GHI}=4(S_{\triangle HOG}+S_{\triangle IOH}+S_{\triangle GOI})$$

$$=S_{\triangle AFB}+S_{\triangle BDC}+S_{\triangle CEA}.$$

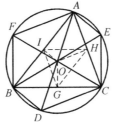

图 5-21

5.2　割补法

当我们遇到问题时，不要急于下笔，特别是一些不常见的题型．常言道：磨刀不误砍柴工．审题是解题的关键，而对于几何题来说，观察图形之间的关系尤为重要．因为大部分题目不是依赖死算，而是以巧算取胜．仔细思考之后，说不定就会灵机一动，发现奇妙的解法．你会发现很多题目根本用不着动笔，靠观察就能解出．下面就来看一些巧妙的"割补法"．

例 10　如图 5-22 所示，直角三角形 ABC 内接一矩形 $BFDE$，$AE = 3$，$FC = 10$，求矩形 $BFDE$ 的面积．

解　对于学过三角形相似的读者而言，根据三角形相似可得 $\dfrac{AE}{ED} = \dfrac{DF}{FC}$，所以

$$S_{矩形BFDE} = ED \cdot DF$$

$$= AE \cdot FC = 30 .$$

而对于没学过三角形相似的读者来说则另有妙法．

如图 5-23 所示，拼补一个相同的直角三角形，显然有

$$S_{矩形BFDE} = S_{矩形DIGH} = 30 .$$

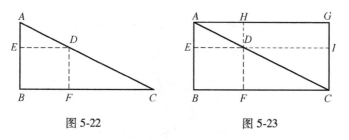

图 5-22　　　　　　　　　图 5-23

例 11　如图 5-24 所示，在一个等腰直角三角形中，削去一个三角形后，剩下一个上底长为 5、下底长为 9 的等腰梯形（阴影部分）．求这个梯形的面积．

对于学过勾股定理的初中生来说，此题是不难计算的．假如连勾股定理都没

学过呢？也不打紧．多想想，说不定还有更巧妙的解法呢．

如图 5-25 所示，将四个同样的等腰直角三角形拼成一个正方形，此时阴影部分的面积等于大小两正方形的面积之差，所求梯形的面积等于 $\dfrac{1}{4}(9^2-5^2)=14$．

 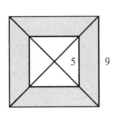

图 5-24　　　　　　　图 5-25

坐井观天，讲的是观察者所处位置的限制导致了他的眼界不开阔；而只见树木不见森林告诉我们只看到局部，没有看到整体，所得到的结论可能是片面的．结合这个题目，把已知图形放到一个更大的环境中去构成一个整体，我们更容易看清楚其本质．

例 12　如图 5-26 所示，在平行四边形 $ABCD$ 中，E 是 $\triangle BAD$ 内的任意一点．若 $\triangle EAB$ 的面积为 S_1，$\triangle EAD$ 的面积为 S_2（$S_1>S_2$），求 $\triangle EAC$ 的面积（根据 2006 年青少年数学国际城市邀请赛试题改编）．

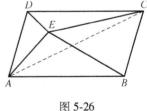

图 5-26

解　不管点 E 如何运动，$\triangle EAB$ 与 $\triangle ECD$ 的面积之和等于平行四边形 $ABCD$ 的面积的一半，是一个定值．列出以下关系式：

$$S_{\triangle EAD}+S_{\triangle EAC}+S_{\triangle ECD}=S_{\triangle EAB}+S_{\triangle ECD},$$

得

$$S_{\triangle EAC}=S_{\triangle EAB}-S_{\triangle EAD}=S_1-S_2.$$

例 13　如图 5-27 所示，I 是任意凸四边形 $ABCD$ 中的任意一点，E、F、G、H 分别是四条边的中点，连接 IE、IF、IG、IH，将四边形分成四部分，其面积顺次记作 S_1、S_2、S_3、S_4，求证：$S_1+S_3=S_2+S_4$．

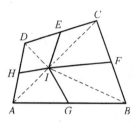

图 5-27

解 连接 IA、IB、IC、ID，则新添的线段将原来的四部分分成了八部分，根据等底等高的三角形面积相等，就可以列出下面四个等式：

$$S_{\triangle IAG} = S_{\triangle IBG}, \quad S_{\triangle ICF} = S_{\triangle IBF},$$

$$S_{\triangle ICE} = S_{\triangle IDE}, \quad S_{\triangle IAH} = S_{\triangle IDH}.$$

四式相加，即可得到

$$S_1 + S_3 = S_2 + S_4.$$

本题无须知道从哪一个四边形开始编号.

例 14 如图 5-28 所示，正方形中的数是各部分的面积，求图中的阴影部分的面积.

有些问题可以通过复杂的计算来解决，但本题似乎行不通，必须要搞清楚图形中的面积关系. 阴影部分的面积到底和给出的三个区域的面积有何关系呢？用观察法解题，第一要义就是要把握整体. 阴影部分面积加上左右两个三角形的面积不就正好是整个正方形面积的一半吗？而已知的三个区

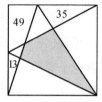

图 5-28

域的面积之和加上这两个三角形的面积同样等于整个正方形面积的一半. 因此，阴影部分的面积就等于已知的三个区域的面积之和：$13 + 49 + 35 = 97$.

例 15 如图 5-29 所示，在平行四边形 $ABCD$ 的对角线 BD 上任取一点 E，作平行四边形 $EFCG$，连接 AF、AG 分别交 BD 于点 H、I，求证：$S_{\triangle AIH} = S_{\triangle BHF} + S_{\triangle IGD}$.

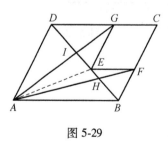

图 5-29

证明 易知 $S_{\triangle ADG} = S_{\triangle ADE}$，$S_{\triangle ABF} = S_{\triangle ABE}$，所以

$$S_{\triangle ADG} + S_{\triangle ABF} = S_{\triangle ADE} + S_{\triangle ABE} = S_{\triangle ABD}.$$

等式两边同时减去 $S_{\triangle ADI} + S_{\triangle ABH}$，得

$$S_{\triangle AIH} = S_{\triangle BHF} + S_{\triangle IGD}.$$

例 16 如图 5-30 所示，在平行四边形 $ABCD$ 中，E、F、G 分别是 BC、CD、DA 上的点，连接 AE、AF、BF、BG、EG，得到五个交点 H、I、J、K、L，求证：图中的阴影部分与五边形 $HIJKL$ 的面积之差为常数.

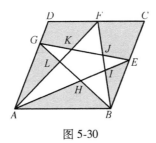

图 5-30

证明 因为

$$S_{\triangle ABH} = S_{\triangle GHE},$$

所以

$$S_{\triangle ABH} - S_{\text{五边形}HIJKL} = S_{\triangle GLK} + S_{\triangle IEJ},$$

$$S_{\text{阴影}} - S_{\text{五边形}HIJKL} = (S_{\triangle ALG} + S_{\text{四边形}KFDG} + S_{\triangle BIE} + S_{\text{四边形}ECFJ}) + S_{\triangle GLK} + S_{\triangle IEJ}$$

$$= S_{\triangle ADF} + S_{\triangle BCF} = \frac{1}{2} S_{\square ABCD}.$$

例 17　如图 5-31 所示，在 $\triangle ABC$ 中，D、E 分别是 AC、AB 的中点，BD 交 CE 于点 F，求证：$S_{\triangle BCF} = S_{\text{四边形}AEFD}$.

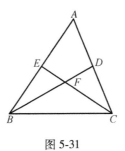

图 5-31

证明　因为

$$S_{\text{四边形}AEFD} + S_{\triangle BFE} = \frac{1}{2} S_{\triangle ABC} = S_{\triangle BCF} + S_{\triangle BFE},$$

所以

$$S_{\triangle BCF} = S_{\text{四边形}AEFD}.$$

例 18　如图 5-32 所示，在平行四边形 $ABCD$ 的对角线 BD 上取一点 E，过点

E 作 AB 的平行线 GF，过点 E 作 BC 的平行线 HI. $S_{\square AHEG}$ 与 $S_{\square EFCI}$ 有何关系？

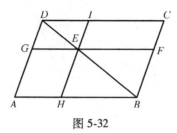

图 5-32

解 由平行四边形的性质得

$$S_{\triangle ABD}=S_{\triangle CBD}, \quad S_{\triangle GED}=S_{\triangle IED}, \quad S_{\triangle HBE}=S_{\triangle FBE},$$

所以

$$S_{\triangle ABD}-S_{\triangle GED}-S_{\triangle HBE}=S_{\triangle CBD}-S_{\triangle IED}-S_{\triangle FBE},$$

即

$$S_{\square AHEG}=S_{\square EFCI}.$$

例 19 如图 5-33 所示，在平行四边形 $ABCD$ 中，BD 是对角线，E 是 $\triangle BCD$ 内的一点，连接 AE 交 BD 于点 F，$S_{\triangle EFB}+S_{\triangle DEC}$ 与 $S_{\triangle DAF}$ 有何关系？

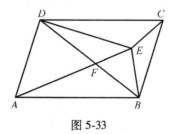

图 5-33

解 因为

$$S_{\triangle EAB}+S_{\triangle ECD}=\frac{1}{2}S_{\square ABCD}=S_{\triangle ABD},$$

即

$$S_{\triangle EFB}+S_{\triangle ABF}+S_{\triangle DEC}=S_{\triangle ABF}+S_{\triangle DAF},$$

所以

$$S_{\triangle EFB}+S_{\triangle DEC}=S_{\triangle DAF}.$$

例 20 如图 5-34（a）所示，四边形 $ABCD$、$EFGH$、$HIFJ$ 都是矩形，EF 交 HI 于点 K，FJ 交 GH 于点 L，求证：$S_{阴影}=S_{\square KFLH}$.

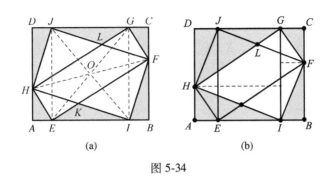

图 5-34

证明　图 5-34（a）具有极强的对称性，点 E 与 G、I 与 J、H 与 F 都关于点 O 成中心对称．

因为　　　　　　　　　　　$AE = GC$，$DJ = IB$，

所以　　　　　　　　　　　$EI = JG$，

又因为　　　　　　　　　　$EG = IJ$，

所以四边形 $EIGJ$ 是矩形．

因为所求证等式两边加上 $S_{\triangle KIF} + S_{\triangle LFG}$ 后都等于 $\dfrac{1}{2} S_{矩形 ABCD}$ ［见图 5-34（b）］，所以命题成立．

5.3　面积法与中位线

下面介绍一些与中位线有关的面积问题．

例 21　如图 5-35 所示，D、E 分别是 $\triangle ABC$ 的边 AB、AC 的中点，求 $\dfrac{S_{\triangle ADE}}{S_{\triangle ABC}}$．

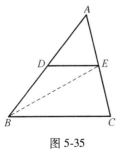

图 5-35

这个题目在很多人看来是一个初中题目．一位中学老师看到此题出现在小学奥数习题集中的时候感觉太不可思议，因为在他看来此题需要用到"三角形的中位线、相似形"等知识点，而这些都是初中生才学的内容．

但是，我们可以这样解答：$S_{\triangle ADE} = \dfrac{1}{2} S_{\triangle ABE} = \dfrac{1}{4} S_{\triangle ABC}$．这

里只用到"等底等高的三角形的面积相等"这一知识点，想必小学生都能够接受．

例 22 如图 5-36 所示，E、F、G、H 的四边形 $ABCD$ 的四条边的中点，求 $\dfrac{S_{四边形EFGH}}{S_{四边形ABCD}}$．

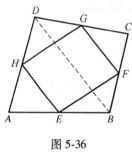

图 5-36

解 根据上一题的结论，我们容易算出

$$\frac{S_{\triangle AEH}}{S_{\triangle ABD}}=\frac{S_{\triangle CFG}}{S_{\triangle CBD}}=\frac{1}{4}.$$

根据合分比定理，可知

$$\frac{S_{\triangle AEH}+S_{\triangle CFG}}{S_{\triangle ABD}+S_{\triangle CBD}}=\frac{S_{\triangle AEH}+S_{\triangle CFG}}{S_{四边形ABCD}}=\frac{1}{4},$$

即

$$S_{\triangle AEH}+S_{\triangle CFG}=\frac{1}{4}S_{四边形ABCD}.$$

同理，可得

$$S_{\triangle BEF}+S_{\triangle DGH}=\frac{1}{4}S_{四边形ABCD},$$

所以

$$\frac{S_{四边形EFGH}}{S_{四边形ABCD}}=\frac{1}{2}.$$

例 23 在梯形 $ABCD$ 中，$AB/\!/DC$，E 是 AD 的中点，求 $\dfrac{S_{\triangle BCE}}{S_{梯形ABCD}}$．

这道题的解法很多，下面给出相对简单的三种解法．

解法 1 如图 5-37 所示，延长 CE 交 BA 的延长线于点 F，易证

$$\triangle FAE \cong \triangle CDE, \ CE=FE,$$

所以

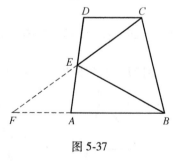

图 5-37

$$S_{\triangle BCE}=\frac{1}{2}S_{\triangle BCF}=\frac{1}{2}S_{梯形ABCD}.$$

解法 2 如图 5-38 所示，过点 E 作 $FG/\!/BC$，则四边形 $FBCG$ 是平行四边形，易证 $\triangle AFE \cong \triangle DGE$，所以

$$S_{\triangle BCE}=\frac{1}{2}S_{\text{四边形}FBCG}=\frac{1}{2}S_{\text{梯形}ABCD}.$$

解法 3　如图 5-39 所示，取 BC 的中点 F，连接 EF，作高 DH，则

$$S_{\triangle BCE}=S_{\triangle BEF}+S_{\triangle CEF}=\frac{1}{2}EF\cdot DH=\frac{1}{2}\cdot\frac{AB+DC}{2}\cdot DH=\frac{1}{2}S_{\text{梯形}ABCD}.$$

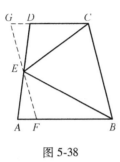
图 5-38

图 5-39

解法 1、2 用到三角形全等的知识，解法 3 用到梯形中位线的知识，这些都是初中才学的内容．其实存在连小学生都能够接受的更简单的解法．

对于图 5-40，因为

$$S_{\triangle EDC}+S_{\triangle EAB}=\frac{1}{2}S_{\triangle ADC}+\frac{1}{2}S_{\triangle DAB}$$

$$=\frac{1}{2}S_{\triangle BDC}+\frac{1}{2}S_{\triangle DAB}=\frac{1}{2}S_{\text{梯形}ABCD},$$

所以

$$S_{\triangle BCE}=\frac{1}{2}S_{\text{梯形}ABCD}.$$

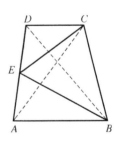
图 5-40

像这样的面积转化方法在现在的教科书中很少出现．人们用最熟悉的方法解决问题，而不是用最优解法，这是由人的潜意识决定的．只有那些专门研究某类问题的专家才会在用最熟悉的方法解决问题之后精益求精，寻求最优解．

例 24　如图 5-41 所示，在梯形 $ABCD$ 中，E、F、G 是所在边的中点，$S_{\text{四边形}EIGD}+S_{\text{四边形}AFHE}$ 与 $S_{\text{四边形}HBCI}$ 有什么关系？如图 5-42 所示，在梯形 $ABCD$ 中，E、F、G 是所在边的中点，$S_{\triangle FBH}+S_{\triangle ICG}$ 与 $S_{\triangle EHI}$ 有什么关系？

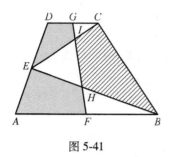

图 5-41

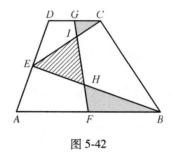

图 5-42

解 设梯形 $ABCD$ 的高为 h，则

$$S_{梯形AFGD} = \frac{1}{2}(DG+AF)h = \frac{1}{2}\left(\frac{DC+AB}{2}\right)h = \frac{1}{2}S_{梯形ABCD}.$$

而由例 23 可知 $S_{\triangle BCE} = \frac{1}{2}S_{梯形ABCD}$，所以

$$S_{梯形AFGD} = S_{\triangle BCE},$$

$$S_{四边形EIGD} + S_{四边形AFHE} = S_{四边形HBCI}.$$

利用这一结论，立刻可得

$$S_{\triangle FBH} + S_{\triangle ICG} = S_{\triangle EHI}.$$

例 25 如图 5-43 所示，在四边形 $ABCD$ 中，E、F、G、H 分别是各边的中点，连接 AG、BH、CE、DF，$S_{四边形AEIL} + S_{四边形KJCG}$ 和 $S_{四边形HLKD} + S_{四边形IBFJ}$ 有什么关系？如图 5-44 所示，在四边形 $ABCD$ 中，E、F、G、H 分别是各边的中点，连接 AG、BH、CE、DF，$S_{四边形LIJK}$ 与 $S_{\triangle ALH} + S_{\triangle BIE} + S_{\triangle CJF} + S_{\triangle DKG}$ 有什么关系？

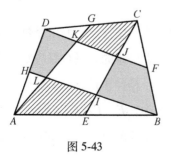

图 5-43

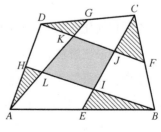

图 5-44

解　对于图 5-43，有

$$S_{四边形AECG}=S_{\triangle ACG}+S_{\triangle AEC}=\frac{1}{2}S_{\triangle ACD}+\frac{1}{2}S_{\triangle ABC}=\frac{1}{2}S_{四边形ABCD}.$$

同理，可得

$$S_{四边形HBFD}=\frac{1}{2}S_{四边形ABCD},$$

所以

$$S_{四边形AECG}=S_{四边形HBFD},$$

$$S_{四边形AEIL}+S_{四边形KJCG}=S_{四边形HLKD}+S_{四边形IBFJ}.$$

对于图 5-44，又因为

$$S_{\triangle ADG}+S_{\triangle BEC}=\frac{1}{2}S_{\triangle ACD}+\frac{1}{2}S_{\triangle ABC}=\frac{1}{2}S_{四边形ABCD},$$

所以

$$S_{\triangle ALH}+S_{\triangle BIE}+S_{\triangle CJF}+S_{\triangle DKG}=S_{四边形LIJK}.$$

例 26　如图 5-45 所示，在四边形 $ABCD$ 中，E、F 分别是 AB、DC 的中点，AF、DE 交于点 G，EC、BF 交于点 H，$S_{\triangle GAE}+S_{\triangle HCF}$ 与 $S_{\triangle GFD}+S_{\triangle HEB}$ 有什么关系？如图 5-46 所示，在四边形 $ABCD$ 中，E、F 分别是 AB、DC 的中点，AF、DE 交于点 G，EC、BF 交于点 H，$S_{\triangle GAD}+S_{\triangle HBC}$ 与 $S_{四边形EHFG}$ 有什么关系？

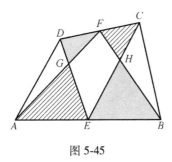

图 5-45

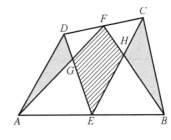

图 5-46

解　$S_{四边形EBFD}=S_{\triangle BED}+S_{\triangle BDF}=\frac{1}{2}S_{\triangle ABD}+\frac{1}{2}S_{\triangle BCD}=\frac{1}{2}S_{四边形ABCD}.$

同理，可得

$$S_{\text{四边形}AECF} = \frac{1}{2}S_{\text{四边形}ABCD},$$

所以

$$S_{\triangle GAE} + S_{\triangle HCF} = S_{\triangle GFD} + S_{\triangle HEB}.$$

因为

$$S_{\text{四边形}EBFD} = \frac{1}{2}S_{\text{四边形}ABCD} = \frac{1}{2}S_{\triangle ACD} + \frac{1}{2}S_{\triangle ABC} = S_{\triangle AFD} + S_{\triangle EBC},$$

所以

$$S_{\triangle GAD} + S_{\triangle HBC} = S_{\text{四边形}EHFG}.$$

例 27 如图 5-47 所示，规划设计将圆形花坛分为三个区域．四个小圆两两相交的公共部分是中心区（斜线部分），四小圆之外的部分是外围区（阴影部分）．中心区和外围区的面积有何关系？

为了比较两个面积的大小，有人将之转化为图 5-48 中两个面积的大小 $\left(\text{各取其} \frac{1}{8}\right)$．这样做是有道理的．虽然图 5-48 中的斜线部分与阴影部分也是不规则图形，但它们很容易转化成规则图形来计算．

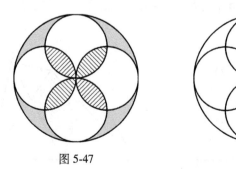

图 5-47   图 5-48

这样的转化能够解决问题，但不是解决问题的最好办法．

显然大圆半径是小圆半径的 2 倍，则大圆的面积是小圆面积的 4 倍，也就是说大圆的面积等于 4 个小圆面积的和．把 4 个小圆放在大圆里，如果既无重叠又无间隙，应该刚好能够铺满大圆．而现在的情况是既有重叠又有间隙，这说明重叠部分刚好能够铺满间隙，因此中心区和外围区的面积相等．

例 28　如图 5-49 所示，四边形 $ABCD$ 是正方形，阴影部分与斜线部分的面积谁大谁小？

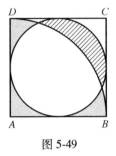

图 5-49

解　以 AB 为半径的四分之一圆的面积等于以 AB 为直径的圆的面积，再同时消去公共部分的面积，则阴影部分与斜线部分的面积相等．

例 29　如图 5-50 所示，在边长为 a 的正方形 $ABCD$ 中，分别以 A、B 为圆心、AB 为半径作圆，两圆与正方形围成了两个阴影区域，求这两个区域的面积之差．

解
$$S_M - S_N = (S_M + S_K) - (S_N + S_K) = \frac{1}{4}\pi a^2 - \left(a^2 - \frac{1}{4}\pi a^2\right) = \frac{1}{2}\pi a^2 - a^2$$

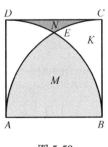

图 5-50

例 30　如图 5-51 所示，在边长为 1 的正方形 $ABCD$ 中，以各顶点为圆心、对角线的一半为半径，在正方形内作弧，求阴影部分的面积．

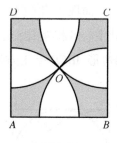

图 5-51

解
$$S_{\text{阴影}} = S_{\text{正方形}ABCD} - \left(4S_{\text{扇形}} - S_{\text{正方形}ABCD}\right)$$
$$= 2S_{\text{正方形}ABCD} - 4S_{\text{扇形}}$$
$$= 2\times1^2 - 4\times\pi\left(\frac{\sqrt{2}}{2}\right)^2\times\frac{1}{4} = 2 - \frac{\pi}{2}.$$

例 31 如图 5-52 所示，分别以锐角三角形 ABC 的边 AB、BC、CA 为直径画圆 O_1、O_2、O_3. 已知三角形外的阴影面积为 m 平方厘米，三角形内的阴影面积为 n 平方厘米，试确定 $\triangle ABC$ 的面积（2008 年北京市中学生数学竞赛高一初赛试题）.

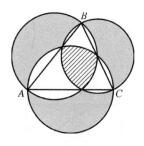

图 5-52

解 $S_{\text{空白}} = \left(\frac{1}{2}S_{\odot O_1} - n\right) + \left(\frac{1}{2}S_{\odot O_2} - n\right) + \left(\frac{1}{2}S_{\odot O_3} - n\right) - \left(S_{\triangle ABC} - n\right),$

$S_{\text{总}} = \left(\frac{1}{2}S_{\odot O_1} - n\right) + \left(\frac{1}{2}S_{\odot O_2} - n\right) + \left(\frac{1}{2}S_{\odot O_3} - n\right) - \left(S_{\triangle ABC} - n\right) + m + n.$

而从另一个角度看，有

$$S_{\text{总}} = \frac{1}{2}S_{\odot O_1} + \frac{1}{2}S_{\odot O_2} + \frac{1}{2}S_{\odot O_3} + S_{\triangle ABC}.$$

所以

$$\left(\frac{1}{2}S_{\odot O_1} - n\right) + \left(\frac{1}{2}S_{\odot O_2} - n\right) + \left(\frac{1}{2}S_{\odot O_3} - n\right) - \left(S_{\triangle ABC} - n\right) + m + n$$

$$= \frac{1}{2}S_{\odot O_1} + \frac{1}{2}S_{\odot O_2} + \frac{1}{2}S_{\odot O_3} + S_{\triangle ABC}.$$

解得

$$S_{\triangle ABC} = \frac{1}{2}(m - n).$$

例 32 如图 5-53 所示，菱形 *ABCD* 的两条对角线的长度分别为 6 和 8，分别以菱形的四条边为直径向菱形内作半圆，求四条半圆弧所围成的花瓣形的面积．

所求图形不规则，如何转化呢？由 6 和 8 联想到勾股数 6、8、10，进而联想到月牙定理．虽然此处的图形和月牙定理有着本质的不同，但也能给我们足够的启示．如图 5-54 所示，取题目所求面积的四分之一就好办了．

$$S_{\text{阴影}} = (S_{\text{半圆}AOB} - S_{\triangle AOB}) \times 4 = \frac{25}{2}\pi - 24.$$

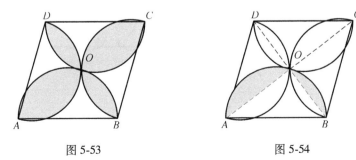

图 5-53   图 5-54

例 33 如图 5-55 所示，大圆内各小圆都相切，小圆的半径为 1，试求阴影部分的面积.

图形不规则，也难以转化，死算是困难的. 仔细观察后发现该题如此简单：阴影部分的面积等于大半圆与两个小圆面积之差的 $\frac{1}{3}$，即

$$S_{\text{阴影}}=\frac{1}{3}\left(\frac{1}{2}\pi\times3^2-2\pi\times1^2\right)=\frac{1}{3}\left(\frac{9\pi}{2}-2\pi\right)=\frac{5}{6}\pi.$$

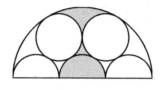

图 5-55

以一个趣味割补证明题结束本章.

通常的无字证明采取面积分割重组方法，但并没有规定不能将运算加入无字证明中去. 下面就是图形加运算的例子（见图 5-56）.

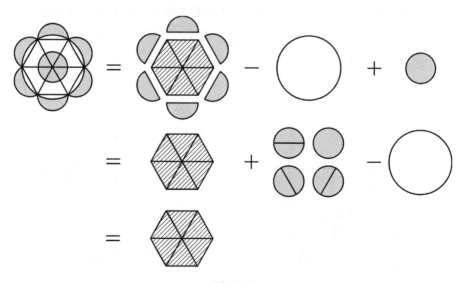

图 5-56

第**6**章 ▶▶▶

面积法与数形结合

数 与形是数学中的两个最基本的研究对象，它们在一定条件下可以相互转化. 数形结合就是把抽象的数学语言、数量关系与直观的几何图形、位置关系结合起来，通过"以形助数"或"以数解形"（抽象思维与形象思维的结合），可以使复杂问题简单化，抽象问题具体化，从而起到优化解题途径的目的. 著名数学家华罗庚总结说："数形结合百般好，隔裂分家万事非."

有些人认为：小学学算术，初中学代数和平面几何；高中学解析几何，此时才是将数和形结合起来了. 我们不这么认为. 数形结合思维应该从小学就开始培养.

在本章中，我们将看到许多数学公式的系数稍作变换，数形结合的过程就会大不相同.

例 1 求和：$S = 1 + 2 + \cdots + n$.

常见的作法是先作出图 6-1，此处每个小方块的面积代表数 1，然后作一个完全一样的图形"扣"在这个图形上面，得到图 6-2，计算其面积，可得

$$2S = n(1 + n)，即 S = \frac{n(1 + n)}{2}.$$

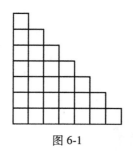

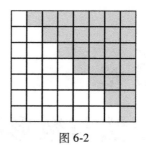

图 6-1 图 6-2

如果嫌作图 6-2 麻烦，希望能够简化，也是可以做到的. 如图 6-3 所示，你只要在图 6-1 的基础上加一条直线就行了，于是

$$S = \frac{n^2}{2} + \frac{n}{2} = \frac{1}{2}n(n+1).$$

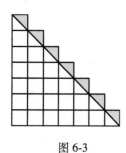

图 6-3

仔细比较这两种作法，我们发现虽然图 6-2 和图 6-3 在"形"的方面的差别很大，但从"数"的角度来看，仅仅是系数作了一些分配、结合的"小动作"而已. $S = \frac{n(n+1)}{2}$ 既可以表示为 $\frac{1}{2}[n(n+1)]$，也可以表示为 $\frac{n^2}{2} + \frac{n}{2}$.

例 2 三角形的面积公式.

三角形的面积公式的四种表达方式如下：

$$S_{\triangle ABC} = \frac{1}{2}ah = a\left(\frac{1}{2}h\right) = \left(\frac{1}{2}a\right)h = \frac{1}{2}(ah).$$

上面的四种表示方式分别与图 6-4 至图 6-7 ——对应，从"数"的角度看是乘法交换律、结合律的简单运用，但"形"的表现就大不一样了.

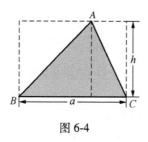

图 6-4

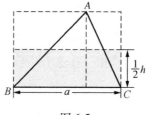

图 6-5

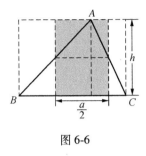

图 6-6

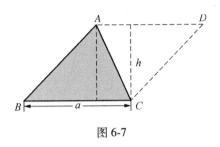

图 6-7

例 3　梯形的面积公式.

梯形的面积公式的表达方式如下：

$$S_{梯形ABCD}=\frac{1}{2}(a+b)h=\frac{1}{2}ah+\frac{1}{2}bh.$$

上面两种表达方式分别与图 6-8 和图 6-9 一一对应. 其中，图 6-8 的意思是以梯形腰上的中点为旋转中心，将梯形旋转 180° 后和原来的梯形拼成一个平行四边形；图 6-9 的意思是连接梯形的对角线，将梯形的面积转化成两个三角形的面积之和.

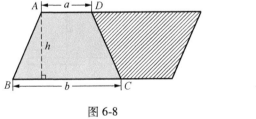

图 6-8

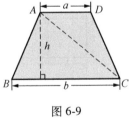

图 6-9

例 4　多边形的内角和公式.

多边形的内角和公式如下：

$$(n-2)\times180°=n\cdot180°-360°=(n-1)\times180°-180°.$$

当 $n=5$ 时，上述表示方式分别与图 6-10 至图 6-12 一一对应.

注意，本题中没有出现面积. 将之置于此处，是为了说明本章研究数形结合时对系数进行变换绝不局限于面积问题. 读者可以做更多的尝试.

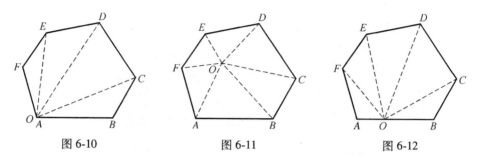

图 6-10 　　　　　　　 图 6-11 　　　　　　　 图 6-12

例 5 平方差公式．

平方差公式如下：

$$a^2-b^2=(a+b)(a-b)=2\left[\frac{1}{2}(a+b)(a-b)\right]$$

$$=4\left[\frac{1}{2}(a+b)\cdot\frac{a-b}{2}\right].$$

上述表示方式分别与图 6-13 至图 6-16 一一对应，可表示图中阴影部分的面积．

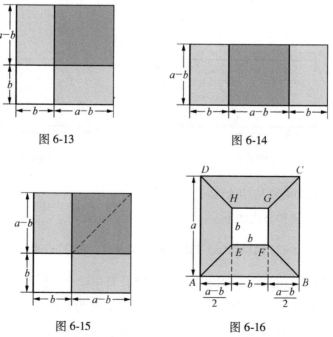

图 6-13 　　　　　　　　　　　　 图 6-14

图 6-15 　　　　　　　　　　　　 图 6-16

其中，图 6-14 将图 6-13 中的三个阴影部分拼成一个矩形，既需平移又需旋转；图 6-16 构造巧妙，对称性最强，但分解块数最多，较复杂；图 6-15 则比较简单，将图 6-13 中的阴影部分分割成两个梯形.

这种系数转化的方法不但可以用来证明公式，还可以用于推导公式.

例 6　一元二次方程的求根公式.

在学习了形如 $ax^2-b=0$（$a\neq0$）的一元二次方程的解法之后，我们将学习解更一般的一元二次方程 $ax^2+bx+c=0$（$a\neq0$）. 应该如何过渡呢？

回忆以前学过的解方程的基本原则：分离变量法，也就是尽量想办法把已知数和未知数分离. 具体怎么做？

第一步，把 $ax^2+bx+c=0$ 中的 c 移到方程右边，将方程转化为 $ax^2+bx=-c$，因为 c 和未知数 x 一点关系也没有！

第二步，把方程 $ax^2+bx=-c$ 中的 a "除去"，将方程转化为 $x^2+\dfrac{b}{a}x=-\dfrac{c}{a}$. 理由是 a 和未知数 x 的联系最紧密，"受苦最深，首先应该让它解脱出来"！

当然，也可以一次到位，把方程转化为 $x^2+\dfrac{b}{a}x=-\dfrac{c}{a}$！接下来需要集中精力对付 $x^2+\dfrac{b}{a}x$. 联想平方和公式 $(a+b)^2=a^2+2ab+b^2$ 的几何图形表示方法（见图 6-17），既然可以把 x^2 看作以 x 为边的正方形的面积，那么也就可以把 $x^2+\dfrac{b}{a}x$ 看作图 6-18 的面积.

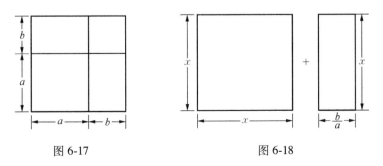

图 6-17　　　　　　　图 6-18

这个图形由一个正方形和一个长方形结合而成，且正方形和长方形有一条相等的边．我们很自然地把这两个图形合并起来（见图6-19）．但这样做有用吗？这样做其实是把 $x^2+\dfrac{b}{a}x$ 变形为 $\left(x+\dfrac{b}{a}\right)x$，$a$、$b$ 还是没有和未知数 x 分开．

由于正方形的四条边的长度相等，可以把长方形随便加到正方形的一条边上，没有区别．可惜只有一个长方形啊，不能满足正方形四边的需要．能否考虑对长方形进行分割呢？

可以先分割长方形，再考虑将其与正方形合并．譬如先把长方形分成两等份，再合并（见图6-20），但这样做似乎也没什么用处，得到的还是个不规则图形．是不是将长方形分割成4块好一些呢？显然不是．

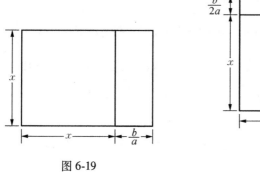

图 6-19

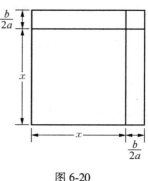

图 6-20

既然单靠分割解决不了问题，我们还可以补！在图 6-20 的右上角补一个边长为 $\dfrac{b}{2a}$ 的小正方形．不过，要记得"还"哦！

总结上述割补过程，写出以下表达式：

$$x^2+\frac{b}{a}x+\left(\frac{b}{2a}\right)^2=\left(\frac{b}{2a}\right)^2-\frac{c}{a},$$

即

$$\left(x+\frac{b}{2a}\right)^2=\frac{b^2-4ac}{4a^2}.$$

所以

$$x_{1,2}=\frac{-b\pm\sqrt{b^2-4ac}}{2a}\,(a\neq0).$$

这种系数转化的方法还可以用来解题.

例 7 如图 6-21 所示，已知正方形的边长为 a，求阴影部分的面积.

解 考虑到阴影部分不是常规图形，我们将之八等分，每一个阴影部分的面积可看作扇形和三角形的面积之差（见图 6-22），因此所求面积为

$$8\left[\frac{1}{4}\pi\left(\frac{a}{2}\right)^2-\frac{1}{2}\left(\frac{a}{2}\right)^2\right]=a^2\left(\frac{\pi}{2}-1\right).$$

如果将 8 这个系数乘到括号里去，则有

$$2\pi\left(\frac{a}{2}\right)^2-a^2=a^2\left(\frac{\pi}{2}-1\right).$$

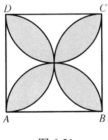
图 6-21

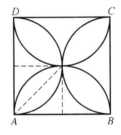
图 6-22

看似只是乘法结合律的简单运用，但这给了我们一个新的视角：两个以 a 为直径的圆的面积减去正方形 $ABCD$ 的面积，即为阴影部分的面积.

例 8 如图 6-23 所示，在矩形 $ABCD$ 中，$AB=a$，$BC=b$，E 是 BC 的中点，$DF\perp AE$，F 是垂足，求证：$DF=\dfrac{2ab}{\sqrt{4a^2+b^2}}$.

$\sqrt{4a^2+b^2}$ 很容易让人联想到构造以 $2a$ 和 b 为直角边的三角形.

证明 如图 6-24 所示，延长 AB 至点 G，使得 $AB=BG$；延长 DC 至点 H，使得 $DC=CH$；则 $AH=\sqrt{4a^2+b^2}$.

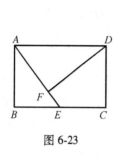

图 6-23

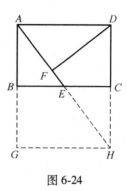

图 6-24

由 $S_{\triangle AHD} = \dfrac{1}{2} AD \cdot DH = \dfrac{1}{2} AH \cdot DF$ 得 $DF = \dfrac{2ab}{\sqrt{4a^2+b^2}}$.

本题也可以利用 $S_{\triangle AED} = \dfrac{1}{2} AE \cdot DF = \dfrac{1}{2} ab$ 求解，其中 $AE = \sqrt{a^2 + \left(\dfrac{b}{2}\right)^2}$. 同样

可解得 $DF = \dfrac{2ab}{\sqrt{4a^2+b^2}}$.

下面以戴维·韦尔斯的《数学与联想》中的一段话结束本章：

"如果一种语言没有不确定性与双重含义，那该有多平淡无味！

"对科学家而言，这几乎是自相矛盾的．他们喜欢能够精确地说出他们所知道的东西；任何一个数学家都应该能够解释他引用数学语言所做的特殊陈述的含义，并且这种解释应该是清晰易懂的．同时，这也是真的，同一种陈述可以做出各种解释．

"这里没有矛盾．这也不是数学的弱点，完全相反，这恰是数学的一大优点！如果一种数学陈述永远只能用一种方式来解释，那么你该需要多少种陈述呢？

"每一种陈述只提供那么一点儿信息！但是因为它们可以用很多方式来解释，所以它们更能增加我们的知识，更有用，更强有力．"

第7章 ▶▶▶ 面积问题

$\mathbf{本}$ 章将介绍一些面积相关的问题（重点是面积比例问题）. 所选问题并不太难, 但如果你以前没接触类似问题, 就可能会因为不熟悉而不知如何下手. 而当你弄清楚其中的门道之后, 就会发现解决此类问题并不困难.

有些问题的求解是站在探索角度写的, 有的问题则从教学角度进行介绍, 请读者区别对待.

先看趣味面积问题.

7.1 趣味面积问题

例1 有两个大小不同的正方形 A 和 B. 如果把 B 的中心放置在 A 的一个顶点（见图 7-1）, 此时两个正方形重合部分的面积是 A 的 $\dfrac{1}{9}$. 如果将 A 的中心放置在 B 的一个顶点（见图 7-2）, 此时两个正方形重合部分的面积是 B 的几分之几?

解 根据图 7-1, 得

$$\frac{1}{9}S_A = \frac{1}{4}S_B, \quad S_A = \frac{9}{4}S_B.$$

图 7-2 中重合部分的面积为

$$\frac{1}{4}S_A = \frac{9}{16}S_B.$$

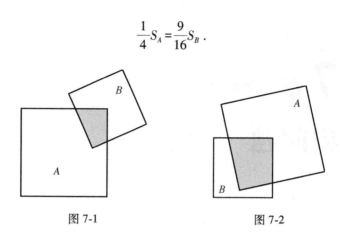

图 7-1   图 7-2

此题并不是很复杂，但也有人做不出来，做不出来的原因并不是他们的知识水平不够，而是对这类问题不熟悉．那么我们就应该找一个更简单的问题做一做，热热身．在教学中遇到类似的情况时，老师更应该这样做，给学生找一个基础一点题目做台阶，让学生能够跨上去．反过来，如果学生能够很轻松地掌握一个题目，那么老师就要把题目变一变，让题目更加具有挑战性．但这个变化必须有一定的连续性，确保学生在前面所学知识、所做题目的积累能够为解决后来的

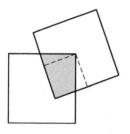

问题打下基础，这样学生学起来才会越来越有兴趣．本题的"原型"是：有两个大小一样的正方形，如果把一个正方形的顶点放置在另一个正方形的中心，那么这两个正方形重合部分的面积是它们的面积的几分之几？

这个问题容易求出来，因为对于特殊位置（两个正方形的边平行），答案显然是 $\frac{1}{4}$；而不在特殊位置的时

图 7-3

候，通过面积割补（见图 7-3），可知答案也是 $\frac{1}{4}$．

例 2 如图 7-4 所示，圆的外切正方形和内接正方形的面积的关系如何？

此题是可以通过计算解决的，但若换个角度看问题，算都用不着算．将内接正方形旋转 $45°$ 得到图 7-5，显然外切正方形的面积是内接正方形的面积的 2 倍．

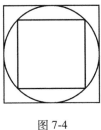 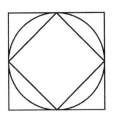

图 7-4　　　　　　　　　　　图 7-5

例 3　已知正方形的面积为 2，求它的内切圆的面积.

这是小学数学考试中的一个题目，很多学生都不会做，认为这道题超出了知识范围. 面积为 2 的正方形的边长是多少呢？

其实，我们可以这样想：既然"求不出"边长，那么就设边长为 x，则 $x^2 = 2$；这个正方形的内切圆的面积为 $S = \pi \left(\dfrac{x}{2} \right)^2 = \dfrac{\pi}{4} x^2$，将 $x^2 = 2$ 代入，可得 $S = \dfrac{\pi}{2}$.

这个题目给我们启示，如果题目给出的条件"不够"，求不出你所期望的结果，那么就可以退一步想，是不是根本不需要求出这个结果，这个结果只是起过渡作用呢？趣味面积问题常常就是这样的.

例 4　如图 7-6 所示，在边长为 1 的五个正方形内，哪个阴影部分的面积最大？

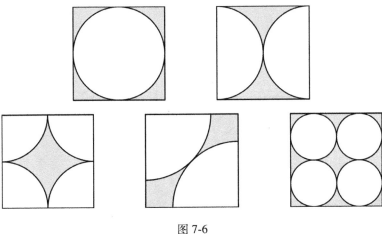

图 7-6

我们可以第一个图为基准，比较其他四个图．其中第四个图稍微麻烦一点．第四个图的两个四分之一圆合起来之后只能组成半个圆．注意到第四个图中的两个四分之一圆的半径是第一个图中圆的半径的$\sqrt{2}$倍，因此可以比较它们的面积大小了．答案是五个图中阴影部分的面积一样大．

例 5 如图 7-7 所示，在 $\triangle ABC$ 中，$\angle ACB = 90°$，其内切圆与它的三条边相切于点 D、E、F，求证：$S_{\triangle ABC} = AF \cdot BF$．

证法 1 设 $BC = a$，$AC = b$，$AD = AF = m$，$BE = BF = n$，那么

$$a^2 + b^2 = (m+n)^2,\ m-n = b-a,$$

解得

$$mn = \frac{1}{2}ab.$$

所以

$$S_{\triangle ABC} = \frac{1}{2}ab = AF \cdot BF.$$

此题是否也存在改进的空间？答案是肯定的．如图 7-8 所示，既然 $S_{\triangle ABC} = AF \cdot BF = AD \cdot BE = HO \cdot IO$，也就是说 $S_{\triangle ABC} = S_{矩形\,OIGH}$，这就提供了一种巧证的思路．

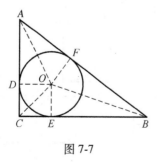

图 7-7

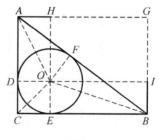

图 7-8

证法 2 因为

$$S_{\triangle AOF} = S_{\triangle AOD} = S_{\triangle AOH},\ S_{\triangle BOF} = S_{\triangle BOE} = S_{\triangle BOI},$$

所以

$$S_{\triangle ABC}+S_{矩形 OIGH}=S_{矩形 CBGA}=2S_{\triangle ABC},$$

$$S_{\triangle ABC}=S_{矩形 OIGH}=HO \cdot IO=AD \cdot BE=AF \cdot BF.$$

以上两种证法相比较，证法 2 需要作辅助线，但证法 2 确实有其存在的意义．因为有了这种直观的认识，结论可谓一眼就看穿了．

例 6　如图 7-9 所示，连接平行四边形 $ABCD$ 的各个顶点与四条边的中点 E、F、G、H，得到八边形 $QIJKLMNP$，求 $\dfrac{S_{八边形 QIJKLMNP}}{S_{\square ABCD}}$．

解　如图 7-10 所示，连接 EG、FH 交于点 O，则四边形 $AEOH$ 是平行四边形．

因为 $\dfrac{GP}{PA}=\dfrac{GO}{OE}=1$，所以点 P 在 HO 上，且为 HO 的中点．同理，I 为 OE 的中点．因此，点 Q 为 $\triangle EOH$ 的重心．所以

$$S_{四边形 QIOP}=\frac{1}{3}S_{\triangle EOH}=\frac{1}{6}S_{四边形 AEOH},$$

$$S_{八边形 QIJKLMNP}=\frac{1}{6}S_{\square ABCD}.$$

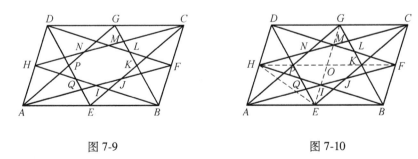

图 7-9　　　　　　　　　　　　　　图 7-10

例 7　如图 7-11 所示，$\triangle ABC$ 和 $\triangle DEF$ 是两个全等的正三角形，六边形 $GHIJKL$ 的边长分别为 a、b、c、d、e、f，求证：$a^2+c^2+e^2=b^2+d^2+f^2$．

证明 容易判定 $\triangle GHE$、$\triangle IHB$、$\triangle IJF$、$\triangle KJC$、$\triangle KLD$ 和 $\triangle GLA$ 相似，设这些三角形的面积分别为 S_a、S_b、S_c、S_d、S_e、S_f，则

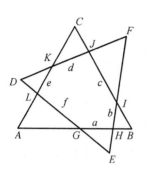

$$S_a + S_c + S_e = S_b + S_d + S_f，\text{且} \frac{S_a}{a^2} = \frac{S_b}{b^2} = \frac{S_c}{c^2} = \frac{S_d}{d^2} = \frac{S_e}{e^2} = \frac{S_f}{f^2}，$$

所以

$$a^2 + c^2 + e^2 = b^2 + d^2 + f^2.$$

图 7-11

此题初看起来难以下手，我们仔细观察后发现唯有面积关系 $S_a + S_c + S_e = S_b + S_d + S_f$ 可以作为突破口．关于面积比的问题还有不少，此类问题通常不宜蛮攻，只能智取．

例 8 如图 7-12 所示，连接正方形 $ABCD$ 的各个顶点和各个顶点相对的一条边的中点，这样四条线段相交形成一个小正方形，然后以同样的方式作一个更小的正方形（阴影部分）．假设测得阴影部分的面积为 1，那么整个大正方形 $ABCD$ 的面积为多少？

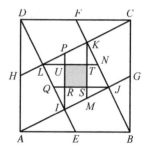

图 7-12

证明 $\triangle ABG$ 可以看作由 $\triangle DAE$ 绕正方形 $ABCD$ 的中心逆时针旋转 $90°$ 得到，$\angle AIE = \angle AJB = 90°$．而 IE 是 $\triangle ABJ$ 的中位线，$\triangle AIE$ 和四边形 $EBJI$ 可以组合成边长为 IJ 的正方形．所以，正方形 $ABCD$ 经过分割重组后得到 5 个边长为 IJ 的正方形，即

$$S_{\text{正方形}ABCD} = 5S_{\text{正方形}IJKL}.$$

同理，可得

$$S_{\text{正方形}IJKL} = 5S_{\text{正方形}RSTU}，$$

所以

$$S_{\text{正方形}ABCD} = 25S_{\text{正方形}RSTU} = 25.$$

例 9 将平行四边形 $ABCD$ 的边 AB、CD 四等分，将边 AD、BC 三等分，通

过三种连线方式（见图 7-13、图 7-14 和图 7-15），都能得到小平行四边形 $PQRS$，

在这三种情况下 $\dfrac{S_{\square PQRS}}{S_{\square ABCD}}$ 有何不同？

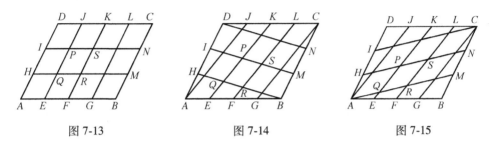

图 7-13　　　　　　　　　图 7-14　　　　　　　　　图 7-15

解　图 7-13 是最平常的连线方式，显然 $\dfrac{S_{\square PQRS}}{S_{\square ABCD}}=\dfrac{1}{12}$．

图 7-14 和图 7-15 看起来好像差不多，其实它们是有差别的．

对于图 7-16，因为

$$S_{\square PQRS}=\frac{PQ}{KE}\cdot S_{\square KEFL}=\frac{PQ}{KT+TP+PQ+QE}\cdot\frac{1}{4}S_{\square ABCD},$$

且

$$\frac{KT}{TP}=\frac{S_{\triangle KDN}}{S_{\triangle PDN}}=\frac{\frac{1}{2}S_{\triangle CDN}}{S_{\triangle PDN}}=\frac{1}{2},\quad \frac{EQ}{QP}=\frac{S_{\triangle EHB}}{S_{\triangle PHB}}=\frac{\frac{3}{4}S_{\triangle AHB}}{S_{\triangle PHB}}=\frac{3}{4},\quad TP=PQ,$$

所以

$$\frac{S_{\square PQRS}}{S_{\square ABCD}}=\frac{1}{\frac{1}{2}+1+1+\frac{3}{4}}\times\frac{1}{4}=\frac{1}{13}.$$

图 7-17 则是图 7-16 的一种巧妙的割补方法，我们很容易看出结论来．

同理，对于图 7-15，可求出 $\dfrac{S_{\square PQRS}}{S_{\square ABCD}}=\dfrac{1}{11}$．图 7-18 也是一种容易看出结果的巧

妙的割补方法（对图 7-15 而言）．

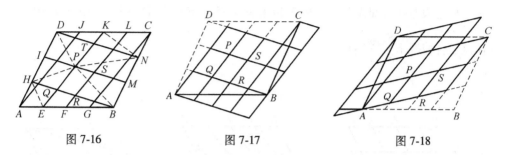

图 7-16   图 7-17   图 7-18

本题可作如下推广：对平行四边形 $ABCD$ 的边 AB、CD 进行 m 等分，对边 AD、BC 进行 n 等分，通过三种连线方式，都能得到小平行四边形 $PQRS$，在这三种情况下 $\dfrac{S_{\square PQRS}}{S_{\square ABCD}}$ 有何不同？

连线方式 1：最简单、对称的连线方式是顶点 A、B、C、D 都不连线，则

$$\frac{S_{\square PQRS}}{S_{\square ABCD}} = \frac{1}{mn}.$$

连线方式 2：从顶点 A、C 各连出两条线，则 $\dfrac{S_{\square PQRS}}{S_{\square ABCD}} = \dfrac{1}{mn-1}.$

连线方式 3：从顶点 A、B、C、D 各连出一条线，则 $\dfrac{S_{\square PQRS}}{S_{\square ABCD}} = \dfrac{1}{mn+1}.$

例 10   如图 7-19 所示，作四边形 $ABCD$，点 E、F、G、H、I、J、K、L 分别是其四条边上的三等分点，求 $\dfrac{S_{\text{四边形}MNPQ}}{S_{\text{四边形}ABCD}}.$

拿到一个数学题，从已知条件出发，不断推理，最后得出结果，此为"进"也. 然而在很多问题的解答过程中，如果当前的问题太难，我们为了达到"进"的目的，则可先"退"下来.

著名数学家华罗庚曾指出："善于'退'，足够地'退'，'退'到最原始而不失去重要性的地方，是学好数学的一个诀窍！"对于有些复杂、难以理解、无从下手的数学问题，

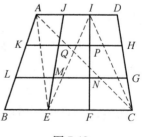

图 7-19

为了能顺利地达到目的，化繁为简、化多为少、化高次为低次、化多维为二维、化抽象为具体、化一般为特殊，可以先退到简单易解的地步，以探求原题的信息，最终找到"到达彼岸的途径"．

我们先证：$S_{\text{四边形}EFIJ} = \dfrac{1}{3} S_{\text{四边形}ABCD}$．

$$S_{\text{四边形}EFIJ} = S_{\triangle EIJ} + S_{\triangle IEF} = \frac{1}{2} S_{\triangle EIA} + \frac{1}{2} S_{\triangle IEC}$$

$$= \frac{1}{2} S_{\text{四边形}ECIA} = \frac{1}{2} S_{\triangle AEC} + \frac{1}{2} S_{\triangle CIA}$$

$$= \frac{1}{3} S_{\triangle ABC} + \frac{1}{3} S_{\triangle CDA} = \frac{1}{3} S_{\text{四边形}ABCD}.$$

再证：$S_{\text{四边形}MNPQ} = \dfrac{1}{3} S_{\text{四边形}EFIJ}$．

连接 KJ、BD、EH，易得 $KJ /\!/ BD /\!/ EH$，且 $KJ = \dfrac{1}{3} BD$，$EH = \dfrac{2}{3} BD$，所以点 Q 是 KH 的三等分点．同理，可证点 P、M、N 是所在线段的三等分点．

再利用已证明的结论，就可以得到

$$S_{\text{四边形}MNPQ} = \frac{1}{3} S_{\text{四边形}EFIJ}.$$

所以

$$\frac{S_{\text{四边形}MNPQ}}{S_{\text{四边形}ABCD}} = \frac{1}{9}.$$

对于这样一个有趣的问题，我们给它取个形象的名字，叫作井田问题．在等差数列的教学中，有的老师喜欢用挂历作为例子，这也是一种井田问题．图 7-20 是挂历的一部分．9、10、11、16、17、18 中的任意一个数都等于周围的 8 个数之和的 $\dfrac{1}{8}$．

井田问题可进一步扩展．

（1）将三等分点改为五等分点（见图 7-21），则最中间的小四边形的面积与整个四边形的面积有何关系？中间的 9 个小四边形的面积之和与整个四边形的面积有何关系？

（2）若边 AB 和 CD 采用 m 等分，边 BC 和 DA 采用 n 等分，那么又有何结论？

1	2	3	4	5
8	9	10	11	12
15	16	17	18	19
22	23	24	25	26

图 7-20

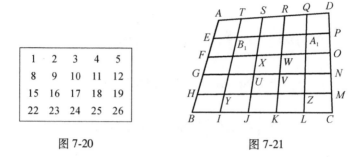

图 7-21

请读者自行研究.

例 11 如图 7-22 所示，在 $\triangle ABC$ 中，E、D 分别为 AB、AC 中点，CE 与 BD 交于点 F，此时容易得到结论 $\dfrac{S_{\triangle AED}}{S_{\triangle ABC}} = \dfrac{S_{\triangle EFD}}{S_{\triangle BFC}} = \dfrac{1}{4}$. 假如 E、D 只是 AB、AC 上的一般点（见图 7-23），是否仍有 $\dfrac{S_{\triangle AED}}{S_{\triangle ABC}} = \dfrac{S_{\triangle EFD}}{S_{\triangle BFC}}$？

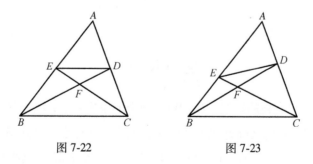

图 7-22   图 7-23

解 答案是肯定的，下面给出证明过程.

要证

$$\frac{S_{\triangle AED}}{S_{\triangle ABC}} = \frac{S_{\triangle EFD}}{S_{\triangle BFC}},$$

即证

$$\frac{AE \cdot AD}{AB \cdot AC} = \frac{EF \cdot DF}{CF \cdot BF},$$

即证

$$\frac{S_{\triangle AEC}}{S_{\triangle ABC}} \cdot \frac{S_{\triangle ABD}}{S_{\triangle ABC}} = \frac{S_{\triangle BED}}{S_{\triangle BCD}} \cdot \frac{S_{\triangle CDE}}{S_{\triangle CBE}}.$$

因为

$$\frac{S_{\triangle BED}}{S_{\triangle BCD}} \cdot \frac{S_{\triangle CDE}}{S_{\triangle CBE}} = \frac{S_{\triangle ABD} \cdot \dfrac{BE}{AB}}{S_{\triangle ABC} \cdot \dfrac{CD}{AC}} \cdot \frac{S_{\triangle AEC} \cdot \dfrac{CD}{AC}}{S_{\triangle ABC} \cdot \dfrac{BE}{AB}} = \frac{S_{\triangle AEC}}{S_{\triangle ABC}} \cdot \frac{S_{\triangle ABD}}{S_{\triangle ABC}},$$

所以, 问题得证.

例 12 如图 7-24 所示, 在 $\triangle ABC$ 中, $\dfrac{AF}{FB} = r$, $\dfrac{BD}{DC} = s$, $\dfrac{CE}{EA} = t$, 求 $\dfrac{S_{\triangle GHI}}{S_{\triangle ABC}}$.

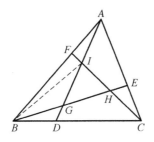

图 7-24

解 因为

$$\frac{AI}{ID} = \frac{S_{\triangle AIC}}{S_{\triangle DIC}} = \frac{S_{\triangle AIC}}{\dfrac{DC}{BC} \cdot S_{\triangle BIC}} = \frac{BC}{DC} \cdot \frac{AF}{BF} = (s+1)r,$$

所以

$$S_{\triangle AIC} = \frac{AI}{AD} \cdot S_{\triangle ADC} = \frac{AI}{AD} \cdot \frac{DC}{BC} \cdot S_{\triangle ABC}$$

$$= \frac{(s+1)r}{(s+1)r+1} \cdot \frac{1}{s+1} \cdot S_{\triangle ABC} = \frac{r}{(s+1)r+1} \cdot S_{\triangle ABC}.$$

同理，可得

$$S_{\triangle CHB} = \frac{t}{(r+1)t+1} \cdot S_{\triangle ABC},$$

$$S_{\triangle BGA} = \frac{s}{(t+1)s+1} \cdot S_{\triangle ABC}.$$

所以

$$\frac{S_{\triangle GHI}}{S_{\triangle ABC}} = 1 - \frac{r}{(s+1)r+1} - \frac{t}{(r+1)t+1} - \frac{s}{(t+1)s+1}$$

$$= \frac{(1-rst)^2}{(rs+r+1)(ts+s+1)(rt+t+1)}.$$

特别地，当 $rst=1$ 时，$S_{\triangle GHI}=0$，AD、BE、CF 三线共点（塞瓦定理）；当 $r=s=t=1$ 时，$S_{\triangle GHI}=0$，三条中线 AD、BE、CF 共点（重心定理）；当 $r=s=t=2$ 或 $\frac{1}{2}$ 时，$\frac{S_{\triangle GHI}}{S_{\triangle ABC}} = \frac{1}{7}$.

例 13 莫利定理的一个类比.

莫利定理：如图 7-25 所示，作 $\triangle ABC$ 的三个角的三等分线，使得与每条边相邻的两条等分线相交，则交点 D、E、F 构成等边三角形.

此定理以其优美的结论和高难度的证明闻名于世，是由美籍英国数学家莫利（Frank Morley，1860—1937）于 1900 年发现的.

在三角形中，与角对应的是边. 三等分角的性质如此美妙，三等分边又如何呢？

如图 7-26 所示，在任意三角形 ABC 中，D、E、F、G、H、I 分别是各边上的三等分点，R、S、Q 分别是各边的中点，6 条三等分线产生 6 个交点，即 K、

L、M、N、P、J. 虽然这 6 个点三三组合不能构成等边三角形，但其中蕴藏的一些性质也是很有趣的，被人遗忘实在可惜.

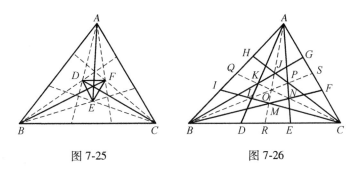

图 7-25　　　　　　　　　　图 7-26

共点共线性质：

（1）AM、BP、CK 三线共点，而且这个公共点是 $\triangle ABC$ 的重心；

（2）每条中线上都有五点共线.

证明　（1）因为

$$\frac{AL}{LD} = \frac{S_{\triangle ALC}}{S_{\triangle DLC}} = \frac{S_{\triangle ALC}}{\frac{2}{3}S_{\triangle BLC}} = \frac{3}{2} \cdot \frac{AI}{IB} = 3,$$

$$\frac{AK}{KD} = \frac{S_{\triangle ABK}}{S_{\triangle DBK}} = \frac{S_{\triangle ABK}}{\frac{1}{3}S_{\triangle CBK}} = 3 \cdot \frac{AG}{GC} = \frac{3}{2},$$

$$\frac{S_{\triangle ACK}}{S_{\triangle BCK}} = \frac{S_{\triangle ACK}}{\frac{3}{2}S_{\triangle DCK}} = \frac{2}{3} \cdot \frac{AK}{KD} = 1,$$

所以，CK 的延长线过 AB 的中点 Q.

同理，可证 AM 的延长线过 BC 的中点 R，BP 的延长线过 AC 的中点 S，则 AM、BP、CK 三线交于 $\triangle ABC$ 的重心 O.

（2）因为

$$\frac{S_{\triangle ANC}}{S_{\triangle BNC}} = \frac{S_{\triangle ANC}}{3S_{\triangle ENC}} = \frac{AN}{3NE} = \frac{AL}{3LD} = 1,$$

所以，CN 的延长线必过 AB 的中点 Q，因此 C、N、O、K、Q 五点共线，其他两条中线的情况与此类似.

线段比例性质：

（3）$\dfrac{KL}{AD}=\dfrac{3}{20}$；

（4）$AJ:JO:OM:MR=15:5:4:6$.

证明 （3）由上文可得

$$\frac{KL}{AD}=\frac{AL}{AD}-\frac{AK}{AD}=\frac{3}{4}-\frac{3}{5}=\frac{3}{20}.$$

同理，可证

$$\frac{ML}{CI}=\frac{MN}{BF}=\frac{PN}{AE}=\frac{PJ}{CH}=\frac{KJ}{BG}=\frac{3}{20},$$

也就是说六边形 $KLMNPJ$ 的每条边的长度都是该边所在三等分线的长度的 $\dfrac{3}{20}$.

（4）因为

$$\frac{AJ}{JR}=\frac{S_{\triangle ABJ}}{S_{\triangle RBJ}}=\frac{S_{\triangle ABJ}}{\dfrac{1}{2}S_{\triangle CBJ}}=2\cdot\frac{AG}{GC}=1,$$

$$\frac{AM}{MR}=\frac{S_{\triangle ABM}}{S_{\triangle RBM}}=\frac{S_{\triangle ABM}}{\dfrac{1}{2}S_{\triangle CBM}}=2\cdot\frac{AF}{FC}=4,$$

$$\frac{JO}{AR}=\frac{AO}{AR}-\frac{AJ}{AR}=\frac{2}{3}-\frac{1}{2}=\frac{1}{6},$$

$$\frac{OM}{AR}=\frac{AM}{AR}-\frac{AO}{AR}=\frac{4}{5}-\frac{2}{3}=\frac{2}{15},$$

所以

$$\frac{AO}{OM}=5,\ \frac{AO}{OJ}=4,$$

$$AJ:JO:OM:MR=15:5:4:6.$$

面积比例性质：

（5） $\dfrac{S_{\triangle JKL}}{S_{\triangle ABC}}=\dfrac{1}{80}$，$\dfrac{S_{\triangle KMO}}{S_{\triangle ABC}}=\dfrac{1}{75}$，$\dfrac{S_{\triangle OKL}}{S_{\triangle ABC}}=\dfrac{1}{60}$，$\dfrac{S_{\triangle MKL}}{S_{\triangle ABC}}=\dfrac{1}{50}$，$\dfrac{S_{\triangle LJO}}{S_{\triangle ABC}}=\dfrac{1}{48}$．

证明（5）　$\dfrac{S_{\triangle JKL}}{S_{\triangle ABC}}=\dfrac{S_{\triangle JKL}}{S_{\triangle JAD}}\cdot\dfrac{S_{\triangle JAD}}{S_{\triangle RAD}}\cdot\dfrac{S_{\triangle RAD}}{S_{\triangle ABC}}=\dfrac{3}{20}\times\dfrac{1}{2}\times\dfrac{1}{6}=\dfrac{1}{80}$，

$\dfrac{S_{\triangle KMO}}{S_{\triangle ABC}}=\dfrac{S_{\triangle KMO}}{S_{\triangle KRA}}\cdot\dfrac{S_{\triangle KRA}}{S_{\triangle DRA}}\cdot\dfrac{S_{\triangle DRA}}{S_{\triangle ABC}}=\dfrac{2}{15}\times\dfrac{3}{5}\times\dfrac{1}{6}=\dfrac{1}{75}$，

$\dfrac{S_{\triangle OKL}}{S_{\triangle ABC}}=\dfrac{S_{\triangle OKL}}{S_{\triangle OAD}}\cdot\dfrac{S_{\triangle OAD}}{S_{\triangle RAD}}\cdot\dfrac{S_{\triangle RAD}}{S_{\triangle ABC}}=\dfrac{3}{20}\times\dfrac{2}{3}\times\dfrac{1}{6}=\dfrac{1}{60}$，

$\dfrac{S_{\triangle MKL}}{S_{\triangle ABC}}=\dfrac{S_{\triangle MKL}}{S_{\triangle MAD}}\cdot\dfrac{S_{\triangle MAD}}{S_{\triangle RAD}}\cdot\dfrac{S_{\triangle RAD}}{S_{\triangle ABC}}=\dfrac{3}{20}\times\dfrac{4}{5}\times\dfrac{1}{6}=\dfrac{1}{50}$，

$\dfrac{S_{\triangle LJO}}{S_{\triangle ABC}}=\dfrac{S_{\triangle LJO}}{S_{\triangle LAR}}\cdot\dfrac{S_{\triangle LAR}}{S_{\triangle DAR}}\cdot\dfrac{S_{\triangle DAR}}{S_{\triangle ABC}}=\dfrac{1}{6}\times\dfrac{3}{4}\times\dfrac{1}{6}=\dfrac{1}{48}$．

图 7-26 具有轮换对称性，很多证明是相同的．譬如证明了 $\dfrac{AL}{LD}=3$，那么自然

可得 $\dfrac{AN}{NE}=3$．对于面积而言，还可得

$$\dfrac{S_{\triangle KMP}}{S_{\triangle ABC}}=3\times\dfrac{1}{75}=\dfrac{1}{25}，\quad \dfrac{S_{\triangle JLN}}{S_{\triangle ABC}}=3\times\dfrac{1}{48}=\dfrac{1}{16}，$$

$$\dfrac{S_{\text{六边形}KLMNPJ}}{S_{\triangle ABC}}=6\times\dfrac{1}{60}=\dfrac{1}{10}．$$

7.2　面积比例问题

再看一些竞赛中的面积比例问题（上一节中其实也有一些面积比例问题）．由于面积比和线段比保持仿射不变性，若站在高等几何角度来看这些比例问题，则会发现它们更简单．请读者注意这一点．

例 14　如图 7-27 所示，已知平行四边形 $ABCD$，$EF/\!/AD$，EF 交 AC 于点 G，求证：$S_{\triangle ABG}=S_{\triangle ADF}$．

证明　如图 7-28 所示，连接 DG，由 $EF/\!/AD$，得

$$S_{\triangle ADF} = S_{\triangle ADG}.$$

连接 BD 交 AC 于点 O，则

$$\frac{S_{\triangle ADG}}{S_{\triangle ABG}} = \frac{DO}{OB} = 1,$$

所以

$$S_{\triangle ABG} = S_{\triangle ADF}.$$

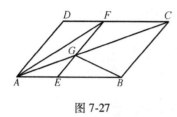

图 7-27

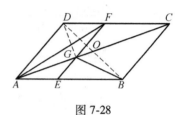

图 7-28

例 15　如图 7-29 所示，在 $\triangle ABC$ 中，E 是 AC 的中点，点 D 在 BC 上，且 $2BD = DC$，AD 与 BE 交于点 F，求 $\triangle BDF$ 与四边形 $FDCE$ 的面积比（1980 年美国数学奥林匹克预赛题）.

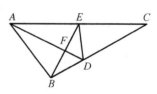

图 7-29

解　因为

$$\frac{S_{\triangle BCE}}{S_{\triangle BDF}} = \frac{BC \cdot BE}{BD \cdot BF} = 3\left(\frac{BF+FE}{BF}\right) = 3\left(1+\frac{FE}{BF}\right) = 3\left(1+\frac{S_{\triangle ADE}}{S_{\triangle ADB}}\right)$$

$$= 3\left(1+\frac{S_{\triangle ADE}}{S_{\triangle ADC}} \cdot \frac{S_{\triangle ADC}}{S_{\triangle ADB}}\right)$$

$$= 3\left(1+\frac{1}{2}\times\frac{2}{1}\right) = 6,$$

所以，$\triangle BCE$ 的面积是 $\triangle BDF$ 的 6 倍，$\triangle BDF$ 是四边形 $FDCE$ 的面积比为 $\frac{1}{5}$.

例 16　$\triangle ABC$ 是面积为 1 的直角三角形，D、E、F 分别是 A、B、C 关于各自对边的对称点，求 $\triangle DEF$ 的面积（1989 年加拿大数学竞赛题）.

解　如图 7-30 所示，连接 FC 并延长，交 AB 于点 H，交 DE 于点 G. 根据对

称的性质，显然有 $CH \perp AB$，$FG \perp DE$，且 $DE=AB$，$FH=HC=CG$，所以

$$S_{\triangle DFE}=\frac{1}{2}DE \cdot FG=\frac{1}{2}AB \cdot 3HC=3S_{\triangle ABC}=3 .$$

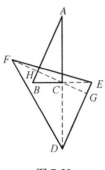

图 7-30

例 17　如图 7-31 所示，在平行四边形 $ABCD$ 中，E、F 分别是 AB、BC 的中点，DE 交 AF 于点 G，AH 平行于 CG 且交 DE 于点 H，求证：$S_{\triangle GFC}=S_{四边形AGCH}$（第 20 届俄罗斯数学奥林匹克竞赛题）.

证法 1　如图 7-32 所示，取 CD 的中点 I，设 AH 交 BI 于点 J，AF 交 BI 于点 K，则

$$S_{\triangle AGC}=S_{\triangle AJC}=2S_{\triangle AHC}，\quad S_{四边形AGCH}=\frac{3}{2}S_{\triangle AGC}，$$

$$S_{\triangle GKC}=2S_{\triangle KFC}，\quad S_{\triangle GFC}=\frac{3}{2}S_{\triangle GKC} .$$

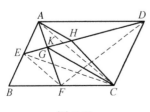

图 7-31

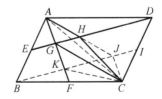

图 7-32

又因为

$$S_{\triangle AGC} = S_{\triangle GKC},$$

所以

$$S_{\triangle GFC} = S_{\text{四边形}AGCH}.$$

此为某参考书上的解答，添加辅助线很巧妙，面积分割直观明了，但证明过程跳跃太大，需要补充之处不少，譬如 $AG /\!/ JC$ 的理由何在.

证法 2 如图 7-31 所示，设平行四边形 $ABCD$ 的面积为 S，则

$$\frac{S_{\triangle AGC}}{S_{\triangle GFC}} = \frac{AG}{GF} = \frac{S_{\triangle AED}}{S_{\triangle EFD}} = \frac{\dfrac{S}{4}}{S - \dfrac{S}{4} - \dfrac{S}{4} - \dfrac{S}{8}} = \frac{2}{3}.$$

设 AC 交 ED 于点 K，则

$$\frac{S_{\triangle AGH}}{S_{\triangle GCH}} = \frac{AK}{KC} = \frac{S_{\triangle AED}}{S_{\triangle CED}} = \frac{\dfrac{S}{4}}{\dfrac{S}{2}} = \frac{1}{2}.$$

由 $AH /\!/ GC$ 得 $S_{\triangle AGC} = S_{\triangle HGC}$，所以

$$S_{\triangle GFC} = \frac{3}{2} S_{\triangle AGC} = \frac{3}{2} S_{\triangle HGC} = S_{\triangle HGC} + \frac{1}{2} S_{\triangle HGC}$$

$$= S_{\triangle HGC} + S_{\triangle AGH} = S_{\text{四边形}AGCH}.$$

此证法中仅增加了辅助点 K，这是为了便于理解，起过渡作用.

例 18 如图 7-33 所示，在平行四边形 $ABCD$ 中，E、F 分别是 AD、CD 的中点，EB、EC 交 AF 于 P、Q，求 $\triangle EPQ$ 和平行四边形 $ABCD$ 的面积比.

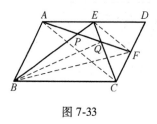

图 7-33

解法 1 因为

$$\frac{AP}{FP} = \frac{S_{\triangle ABE}}{S_{\triangle FBE}} = \frac{\dfrac{1}{4} S_{\square ABCD}}{\left(1 - \dfrac{1}{4} - \dfrac{1}{4} - \dfrac{1}{8}\right) S_{\square ABCD}} = \frac{2}{3},$$

所以

$$AP = \frac{2}{5}AF.$$

同理，可得

$$\frac{AQ}{QF} = 2$$

所以

$$PQ = \frac{4}{15}AF.$$

所以

$$S_{\triangle EPQ} = \frac{4}{15} \times \frac{1}{2} \times \frac{1}{4} S_{\square ABCD} = \frac{1}{30} S_{\square ABCD}.$$

即 $\triangle EPQ$ 与平行四边形 $ABCD$ 的面积比为 $\frac{1}{30}$.

解法 2　设 $S_{\square ABCD} = 1$，显然 Q 是 $\triangle DAC$ 的重心，因此

$$S_{\triangle EAQ} = \frac{1}{2} \times \frac{1}{6} = \frac{1}{12}.$$

因为

$$\frac{AP}{PQ} = \frac{S_{\triangle ABE}}{S_{\triangle QBE}} = \frac{\dfrac{1}{4}}{\dfrac{1}{3}S_{\triangle EBC}} = \frac{3}{2},$$

所以

$$S_{\triangle EPQ} = \frac{2}{5} S_{\triangle EAQ} = \frac{2}{5} \times \frac{1}{12} = \frac{1}{30}.$$

即 $\triangle EPQ$ 与平行四边形 $ABCD$ 的面积比为 $\frac{1}{30}$.

例 19　如图 7-34 所示，在 $\triangle ABC$ 中，点 D、E、F 分别位于边 AB、BC、CA

上，设 $AD=pAB$，$BE=qBC$，$CF=rCA$，其中 p、q、r 是正数，且 $p+q+r=\dfrac{2}{3}$，$p^2+q^2+r^2=\dfrac{2}{5}$，则 $\dfrac{S_{\triangle DEF}}{S_{\triangle ABC}}=$ _____（2002 年上海市初中数学竞赛一试试题）.

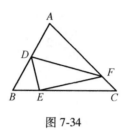

图 7-34

解 因为

$$pq+qr+rp=\frac{1}{2}\left[\,(p+q+r)^2-(p^2+q^2+r^2)\,\right]=\frac{1}{45},$$

$$S_{\triangle DEF}=\left[\,1-q(1-p)-r(1-q)-p(1-r)\,\right]S_{\triangle ABC}$$

$$=\left[\,1+pq+qr+rp-(p+q+r)\,\right]S_{\triangle ABC}$$

$$=\left(1+\frac{1}{45}-\frac{2}{3}\right)S_{\triangle ABC}=\frac{16}{45}S_{\triangle ABC},$$

所以

$$\frac{S_{\triangle DEF}}{S_{\triangle ABC}}=\frac{16}{45}.$$

例 20 如图 7-35 所示，在正方形 $ABCD$ 中，以 AB 为直径作半圆，过点 C 作半圆的切线 CF 交 AD 于点 H，F 为切点；BD 交半圆于点 G，交 CF 于点 I，求 $\dfrac{S_{\triangle BFG}}{S_{正方形ABCD}}$.

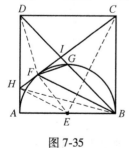

图 7-35

解 由射影定理得 $EF^2=HF\cdot CF$. 因为 $HF=AH$，$CF=AB$，$EF=\dfrac{1}{2}AB$，所以 $AB=4AH$，则

$$\frac{HI}{IC}=\frac{DH}{BC}=\frac{3}{4}.$$

不妨设 $AB=4$，则

$$HF=AH=1,\quad HC=5,\quad FI=HI-HF=\frac{3}{7}HC-1=\frac{8}{7},$$

$$S_{\triangle BFG}=\frac{1}{2}S_{\triangle BFD}=\frac{1}{2}\times\frac{8}{15}S_{\triangle HBD}=\frac{1}{2}\times\frac{8}{15}\times\frac{3}{4}S_{\triangle ABD}$$

$$=\frac{1}{2}\times\frac{8}{15}\times\frac{3}{4}\times\frac{1}{2}S_{正方形ABCD}=\frac{1}{10}.$$

所以

$$\frac{S_{\triangle BFG}}{S_{正方形ABCD}}=\frac{1}{10}.$$

例 21　如图 7-36 所示，AB 是半圆的直径，C 是半圆上的一点。正方形 $DEFG$ 的一边 DG 在直径 AB 上，另一边 DE 过 $\triangle ABC$ 的内切圆的圆心 I，并且点 E 也在半圆上，求证：$S_{正方形GDEF}=S_{\triangle ABC}$．

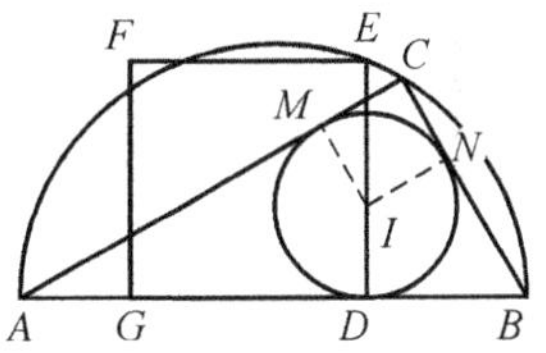

图 7-36

证明　设 $AC=b$，$BC=a$，圆 I 的半径 $r=\dfrac{a+b-\sqrt{a^2+b^2}}{2}$，则

$$S_{正方形GDEF}=DE^2=AD\cdot DB=AM\cdot NB$$

$$=(b-r)(a-r)$$

$$=ab+r^2-(a+b)r$$

$$=\frac{1}{2}ab=S_{\triangle ABC}.$$

例 22　如图 7-37 所示，在 Rt$\triangle ABC$ 中，$BD=BE=a$，$BA=BC=b$，AD 交 CE

于点 F，请用 a、b 表示 $S_{\triangle AFC}$.

解法 1 如图 7-38 所示，作 $FG \perp BC$，则 $FG = BG$.

设 $FG = x$，则由 $\dfrac{FG}{GC} = \dfrac{EB}{BC}$ 得 $\dfrac{x}{b-x} = \dfrac{a}{b}$，解得 $x = \dfrac{ab}{a+b}$.

$$S_{\triangle AFC} = S_{\triangle ABC} - 2S_{\triangle BFC} = \frac{1}{2}b^2 - xb = \frac{1}{2}b^2 - b \cdot \frac{ab}{a+b} = \frac{1}{2} \cdot \frac{b-a}{b+a} \cdot b^2.$$

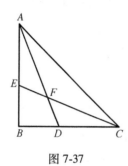

图 7-37   图 7-38

解法 2 $S_{\triangle AFC} = S_{\triangle AEC} \cdot \dfrac{CF}{CE} = S_{\triangle AEC} \cdot \dfrac{S_{\triangle ACD}}{S_{\triangle ACD} + S_{\triangle AED}}$

$$= \frac{1}{2}(b-a)b \cdot \frac{\dfrac{1}{2}(b-a)b}{\dfrac{1}{2}(b-a)b + \dfrac{1}{2}(b-a)a} = \frac{1}{2} \cdot \frac{b-a}{b+a} \cdot b^2.$$

例 23 如图 7-39 所示，在 $\triangle ABC$ 中，$\angle C = 90°$，设 $\angle A$ 和 $\angle B$ 的平分线交于点 I，且分别交对边于点 D 和 E，求证：$S_{\text{四边形} ABDE} = 2S_{\triangle AIB}$.

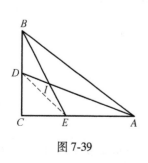

图 7-39

证明 设 $BC = a$，$AC = b$，$AB = c$. 由 BE 平分 $\angle CBA$ 得 $\dfrac{AE}{CE} = \dfrac{BA}{BC}$，则

$$\frac{AE}{CE+AE} = \frac{BA}{BC+BA}，\text{即 } AE = \frac{bc}{a+c}.$$

由 IA 平分 $\angle EAB$ 得 $\dfrac{IE}{BI} = \dfrac{AE}{AB} = \dfrac{b}{a+c}$.

设 $S_{\triangle AIB} = 1$，则 $S_{\triangle AIE} = \dfrac{b}{a+c}$.

同理，可得

$$S_{\triangle BID} = \frac{a}{b+c}, \quad S_{\triangle DIE} = \frac{b}{a+c} \cdot \frac{a}{b+c}.$$

$$S_{\triangle AIE} + S_{\triangle BID} + S_{\triangle DIE} = \frac{b}{a+c} + \frac{a}{b+c} + \frac{b}{a+c} \cdot \frac{a}{b+c}$$

$$= \frac{1}{(a+c)(b+c)} (b^2 + bc + a^2 + ac + ab)$$

$$= \frac{1}{(a+c)(b+c)} (c^2 + bc + ac + ab) = 1,$$

所以

$$S_{\text{四边形}ABDE} = 2 = 2S_{\triangle AIB}.$$

例 24 如图 7-40 所示，设圆 O 的外切四边形 $ABCD$ 的对角线 AC 的中点为 E，求证：$S_{\triangle BOE} = S_{\triangle DOE}$.

证明 设圆 O 的半径为 r，四边形 $ABCD$ 的面积为 S.

由圆的外切四边形的性质得

$$AB + CD = AD + BC,$$

$$\frac{1}{2}AB \cdot r + \frac{1}{2}CD \cdot r = \frac{1}{2}AD \cdot r + \frac{1}{2}BC \cdot r .$$

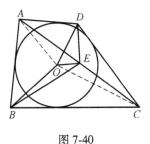

图 7-40

因此

$$S_{\triangle OAB} + S_{\triangle ODC} = S_{\triangle OAD} + S_{\triangle OBC} = \frac{1}{2}S .$$

由 E 是 AC 的中点得 $S_{\triangle ABE} + S_{\triangle DEC} = \dfrac{1}{2}S$，所以

$$S_{\triangle OAB} + S_{\triangle ODC} = S_{\triangle ABE} + S_{\triangle DEC},$$

$$S_{\triangle ODC}-S_{\triangle DEC}=S_{\triangle ABE}-S_{\triangle OAB},$$

$$S_{\triangle DOE}+S_{\triangle COE}=S_{\triangle BOE}+S_{\triangle AOE}.$$

由 E 是 AC 的中点得

$$S_{\triangle AOE}=S_{\triangle COE},$$

所以

$$S_{\triangle DOE}=S_{\triangle BOE}.$$

由此结论可推得**牛顿线定理**：如图 7-41 所示，设圆 O 的外切四边形 $ABCD$ 的对角线 AC、BD 的中点分别为 E、F，则 E、O、F 三点共线.

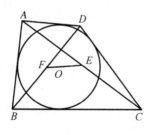

图 7-41

例 25 如图 7-42 所示，在 $\triangle ABC$ 中，$\angle BCA$ 的平分线与 $\triangle ABC$ 的外接圆交于点 R，与 BC 的中垂线 KP 交于点 P，与 AC 的中垂线 LQ 交于点 Q，求证：$S_{\triangle RPK}=S_{\triangle RQL}$（2007 年 IMO 试题）.

证法 1 如果 $CA=CB$，则根据对称性，结论显然成立.

如果 $CA\neq CB$，不妨设 $CA<CB$. 如图 7-43 所示，设 O 是 $\triangle ABC$ 的外心，CR 的中垂线 l 过点 O.

易得 $\triangle CLQ\backsim\triangle CKP$，$\angle CPK=\angle CQL=\angle OQP$，且 $\dfrac{QL}{PK}=\dfrac{CQ}{CP}$.

而 $\triangle OPQ$ 是等腰三角形，P、Q 是 CR 上关于 l 对称的两个点，$RP=CQ$，$RQ=CP$，所以 $\dfrac{S_{\triangle RPK}}{S_{\triangle RQL}}=\dfrac{PK\cdot PR\sin\angle KPR}{QL\cdot QR\sin\angle LQR}=\dfrac{PK\cdot CQ}{QL\cdot CP}=1$.

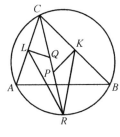
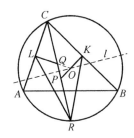

图 7-42　　　　　　　　　　图 7-43

证法 2　如图 7-44 所示，由共边定理得

$$S_{\triangle BPR}=2S_{\triangle RPK}, \quad S_{\triangle AQR}=2S_{\triangle RQL},$$

因此原问题转化为求证 $S_{\triangle BPR}=S_{\triangle AQR}$.

易得 $\triangle AQC \backsim \triangle BPC$，因此 $\dfrac{AC}{AQ}=\dfrac{BC}{BP}$.

由 $\angle AQR=\angle ACB$ 和 $\angle QAR=\angle CAB$ 得 $\triangle AQR \backsim \triangle ACB$.

同理，可得 $\triangle RBP \backsim \triangle ABC$.

于是

$$\frac{S_{\triangle AQR}}{S_{\triangle ABC}}=\left(\frac{AQ}{AC}\right)^2=\left(\frac{BP}{BC}\right)^2=\frac{S_{\triangle RBP}}{S_{\triangle ABC}},$$

所以

$$S_{\triangle AQR}=S_{\triangle RBP}, \quad S_{\triangle RQL}=S_{\triangle RPK}.$$

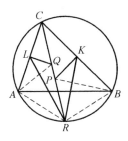

图 7-44

第 **8** 章 ▶▶▶

线段问题

$\overset{\text{对}}{}$ 于本章中的大多数问题，可以利用共边定理，将面积比与线段比相互转化，以求得结果．对于部分问题，可以根据面积关系建立等式，利用面积公式进行化简，最后求得线段关系．

同样，由于面积比和线段比保持仿射不变性，若站在高等几何的角度来看，这些比例问题则显得更简单．

8.1　线段比例问题

例 1　如图 8-1 所示，以 Rt△ABC 的两条直角边 AB、AC 为边向外作正方形 ABDE 和 CAFG，BG 交 AC 于点 H，CD 交 AB 于点 I. 求证：AH＝AI.

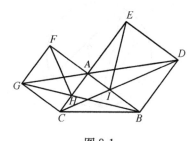

图 8-1

证法 1　由三角形相似得

$$\frac{AH}{FG}=\frac{BA}{BF},\ \frac{AI}{ED}=\frac{CA}{CE},\ \text{所以}\ AH=AI.$$

证法 2 要证 $AH=AI$，只需证 $S_{\triangle HBF}=S_{\triangle IEC}$（因为这两个三角形同底）.

因为

$$S_{\triangle HBF}=S_{\triangle GBA}=S_{\triangle CBA},\ S_{\triangle IEC}=S_{\triangle DAC}=S_{\triangle BAC},$$

所以

$$S_{\triangle HBF}=S_{\triangle IEC},\ AH=AI.$$

证法 2 看起来更复杂一些，但所用知识更少，小学生都能接受.

例 2 如图 8-2 所示，在梯形 $ABCD$ 中，$AD/\!/BC$，延长 BA 与 CD，二者相交于点 P，过点 P 作 $PE/\!/BD$，$PF/\!/AC$，求证：$BE=CF$.

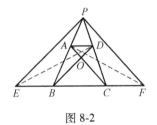

图 8-2

证明 由 $AD/\!/BC$ 得 $S_{\triangle ABD}=S_{\triangle DCA}$，所以 $S_{\triangle PBD}=S_{\triangle PCA}$.

由 $BD/\!/PE$ 得 $S_{\triangle PBD}=S_{\triangle EBD}$.

由 $PF/\!/AC$ 得 $S_{\triangle PCA}=S_{\triangle FAC}$，所以 $S_{\triangle EBD}=S_{\triangle FCA}$.

因为 $\triangle EBD$ 和 $\triangle FCA$ 等高，所以 $BE=CF$.

例 3 如图 8-3 所示，四边形 $ABCD$ 是梯形，$AD/\!/BC$，$BC=a$，$CD=b$，$AD=c$（其中 a、b、c 为常量），对角线的交点记作 O，E 是边 BC 的延长线上的一点. 连接 OE 交 CD 于点 F，设 $CE=x$，$CF=y$，求 y 关于 x 的函数解析式及其定义域（2010 年上海市卢湾区中考模拟试题）.

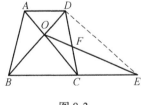

图 8-3

常规解法是过点 O 作 CD 的平行线，构造相似三角形. 下面给出面积解法.

解 由

$$\frac{CF}{DF}=\frac{S_{\triangle OCE}}{S_{\triangle ODE}}=\frac{S_{\triangle OBE}\cdot\dfrac{CE}{BE}}{S_{\triangle ODE}}=\frac{BO}{DO}\cdot\frac{CE}{BE},$$

得

$$\frac{y}{b-y} = \frac{a}{c} \cdot \frac{x}{a+x},$$

解得

$$y = \frac{abx}{(a+x)c+ax}.$$

例4 如图 8-4 所示，CD 是 Rt$\triangle ABC$ 的斜边 AB 上的高，DE 是 Rt$\triangle CAD$ 的斜边 AC 上的高，DF 是 Rt$\triangle BDC$ 的斜边 BC 上的高，求证：$\dfrac{AE}{BF} = \dfrac{AC^3}{BC^3}$.

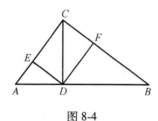

图 8-4

证明 $\dfrac{AE}{BF} = \dfrac{AC^3}{BC^3}$ 等价于 $\dfrac{AE \cdot AC}{BF \cdot BC} = \dfrac{AC^4}{BC^4}$，等价于 $\dfrac{AD^2}{BD^2} = \dfrac{AC^4}{BC^4}$，即 $\dfrac{AD}{BD} = \dfrac{AC^2}{BC^2}$，此即

$\dfrac{S_{\triangle CAD}}{S_{\triangle CBD}}$ 的两种形式，此式显然成立．

遇到高次问题时，一般先降次，而在这里我们先升次后降次，解答过程相当简练．

例5 如图 8-5 所示，在平行四边形 $ABCD$ 中，$CE \perp AB$，$CF \perp AD$，设 BD 与 EF 的延长线交于点 P，求证：$\dfrac{PF}{PE} = \dfrac{AB^2}{AD^2}$.

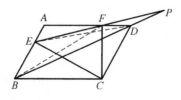

图 8-5

证明 设 $\angle ABC = \alpha$，则

$$\frac{PF}{PE} = \frac{S_{\triangle BDF}}{S_{\triangle BDE}} = \frac{S_{\triangle CDF}}{S_{\triangle BCE}} = \frac{\frac{1}{2}(CD\sin\alpha)(CD\cos\alpha)}{\frac{1}{2}(BC\sin\alpha)(BC\cos\alpha)} = \frac{AB^2}{AD^2}.$$

例 6 如图 8-6 所示，在 $\triangle ABC$ 中，$AB = AC$，在 AB 上取一点 D，延长 AC 至点 E，使得 $CE = BD$，DE 交 BC 于点 F，求证：$FD = FE$.

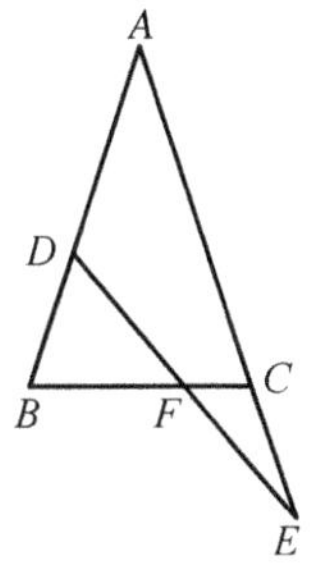

证明 因为

$$\frac{S_{\triangle DBF}}{S_{\triangle ECF}} = \frac{BD \cdot BF \cdot \sin\angle DBE}{CE \cdot CF \cdot \sin\angle ECF} = \frac{BF}{CF},$$

且

$$\frac{S_{\triangle DBF}}{S_{\triangle ECF}} = \frac{FD \cdot FB \cdot \sin\angle DFB}{FC \cdot FE \cdot \sin\angle CFE} = \frac{FD \cdot FB}{FC \cdot FE},$$

所以

$$FD = FE.$$

图 8-6

若用共角定理来解此题，则会显得更加简洁．采用综合几何证法时，通常过点 D 作 AC 的平行线，或过点 E 作 AB 的平行线，然后构造全等三角形．这显然不如面积法直接．

例 7 如图 8-7 所示，四边形 $ABCD$ 的两条对角线交于点 P，延长 AB、DC，二者相交于点 Q．延长 BC、AD，二者相交于点 R．过点 P 作直线分别交 AB、CD、QR 于点 M、N、G，求证：$\dfrac{PN}{NG} = \dfrac{PM}{MG}$.

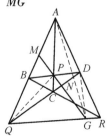

图 8-7

证明 因为

$$\frac{PN}{NG}=\frac{S_{\triangle PQD}}{S_{\triangle GQD}}=\frac{\dfrac{PC}{AC}\cdot S_{\triangle AQD}}{S_{\triangle GQD}}=\frac{\dfrac{S_{\triangle PBC}}{S_{\triangle ABC}}\cdot S_{\triangle AQD}}{S_{\triangle GQD}}=\frac{S_{\triangle PBC}\cdot S_{\triangle AQD}}{S_{\triangle ABC}\cdot S_{\triangle GDQ}},$$

$$\frac{PM}{MG}=\frac{S_{\triangle PAQ}}{S_{\triangle GAQ}}=\frac{\dfrac{PB}{DB}\cdot S_{\triangle DAQ}}{\dfrac{AR}{DR}\cdot S_{\triangle GDQ}}=\frac{\dfrac{PB}{DB}\cdot S_{\triangle DAQ}}{\dfrac{S_{\triangle BCA}}{S_{\triangle BCD}}\cdot S_{\triangle GDQ}}=\frac{S_{\triangle PBC}\cdot S_{\triangle DAQ}}{S_{\triangle BCA}\cdot S_{\triangle GDQ}},$$

所以

$$\frac{PN}{NG}=\frac{PM}{MG}.$$

例8 如图 8-8 所示，已知 D、E 分别是 $\triangle ABC$ 的边 BC、AB 上的点，AD 交 CE 于点 F，BF 交 DE 于点 G，过点 G 作 BC 的平行线交 AB 于点 I，交 EC 于点 H，交 AC 于点 J，求证：$GH=HJ$（1984 年苏州市竞赛题）.

证明 因为

$$\frac{GH}{HJ}=\frac{S_{\triangle GCE}}{S_{\triangle JCE}}=\frac{S_{\triangle GCE}}{S_{\triangle BEG}}\cdot\frac{S_{\triangle BEG}}{S_{\triangle BCG}}\cdot\frac{S_{\triangle BCG}}{S_{\triangle JCE}}$$

$$=\frac{CD}{BD}\cdot\frac{EF}{CF}\cdot\frac{S_{\triangle BCJ}}{S_{\triangle JCE}}$$

$$=\frac{CD}{BD}\cdot\frac{S_{\triangle AED}}{S_{\triangle ACD}}\cdot\frac{BA}{EA}$$

$$=\frac{CD}{BD}\cdot\left(\frac{S_{\triangle AED}}{S_{\triangle ABD}}\cdot\frac{S_{\triangle ABD}}{S_{\triangle ACD}}\right)\cdot\frac{BA}{EA}$$

$$=\frac{CD}{BD}\cdot\left(\frac{AE}{AB}\cdot\frac{BD}{CD}\right)\cdot\frac{BA}{EA}=1,$$

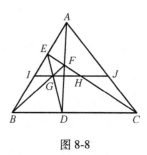

图 8-8

所以

$$GH=HJ.$$

例9 如图 8-9 所示，四边形 $ABCD$ 的两条对角线交于点 O，过点 O 作直线与四边形的四边或其延长线相交，交点依次为 G、E、F、H，若 $OE=OF$，求证：

$OG=OH$.

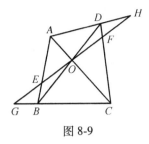

图 8-9

证明 因为

$$\frac{OG}{EG}=\frac{S_{\triangle OBC}}{S_{\triangle EBC}}$$

$$=\frac{S_{\triangle OBC}}{S_{\triangle OAD}}\cdot\frac{S_{\triangle OAD}}{S_{\triangle FAD}}\cdot\frac{S_{\triangle FAD}}{S_{\triangle DOF}}\cdot\frac{S_{\triangle DOF}}{S_{\triangle EBO}}\cdot\frac{S_{\triangle EBO}}{S_{\triangle EBC}}$$

$$=\frac{OB\cdot OC}{OA\cdot OD}\cdot\frac{OH}{FH}\cdot\frac{AC}{OC}\cdot\frac{OD\cdot OF}{OB\cdot OE}\cdot\frac{OA}{AC}=\frac{OH}{FH},$$

即

$$\frac{OG}{OG-OE}=\frac{OH}{OH-OF},$$

所以

$$OG=OH.$$

例 10 如图 8-10 所示，在凸四边形 $ABCD$ 中，$S_{\triangle ABD}+S_{\triangle ABC}=S_{\triangle BCD}$，点 M、N 分别在 AC、CD 上，$\dfrac{AM}{AC}=\dfrac{CN}{CD}$，且 B、M、N 三点共线．求证：$DN=CN$，$AM=CM$．

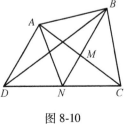

图 8-10

证明 因为 $\dfrac{S_{\triangle ABN}}{S_{\triangle DBC}}=\dfrac{S_{\triangle ABN}}{S_{\triangle BNC}}\cdot\dfrac{S_{\triangle BNC}}{S_{\triangle DBC}}=\dfrac{AM}{MC}\cdot\dfrac{CN}{CD}=\dfrac{CN}{DN}\cdot\dfrac{CN}{CD}$,

$$S_{\triangle ABN}=\dfrac{DN}{DC}\cdot S_{\triangle ABC}+\dfrac{CN}{DC}\cdot S_{\triangle ABD}=\dfrac{CN}{DN}\cdot\dfrac{CN}{CD}\cdot S_{\triangle BDC},$$

所以

$$DN^2 S_{\triangle ABC}+CN\cdot DN\cdot S_{\triangle ABD}=CN^2 S_{\triangle DBC}=CN^2 S_{\triangle ABC}+CN^2 S_{\triangle ABD},$$

所以

$$(DN^2-CN^2)S_{\triangle ABC}=(CN^2-CN\cdot DN)S_{\triangle ABD}.$$

所以

$$CN=DN.$$

又因为 $\dfrac{AM}{AC}=\dfrac{CN}{CD}$, 所以 $AM=CM$.

例 11 如图 8-11 所示, 在平行四边形 $ABCD$ 中, 点 E、F 分别是边 DC、AB 上的点, AE 交 DF 于点 G, BE 交 CF 于点 H, 连接 GH 交 AD 于点 I, 交 BC 于点 J. 求证: $DI=BJ$.

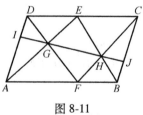

图 8-11

证明 因为

$$\dfrac{DI}{AI}=\dfrac{S_{\triangle DGH}}{S_{\triangle AGH}}=\dfrac{\dfrac{DG}{DF}\cdot S_{\triangle DFH}}{\dfrac{AG}{AE}\cdot S_{\triangle AEH}}=\dfrac{\dfrac{DG}{DF}\cdot\dfrac{FH}{FC}\cdot S_{\triangle DFC}}{\dfrac{AG}{AE}\cdot\dfrac{EH}{EB}\cdot S_{\triangle AEB}}=\dfrac{DG}{DF}\cdot\dfrac{FH}{FC}\cdot\dfrac{AE}{AG}\cdot\dfrac{EB}{EH}$$

$$=\dfrac{S_{\triangle DAE}}{S_{\text{四边形}DAFE}}\cdot\dfrac{S_{\triangle EFB}}{S_{\text{四边形}FBCE}}\cdot\dfrac{S_{\text{四边形}AFED}}{S_{\triangle DAF}}\cdot\dfrac{S_{\text{四边形}EFBC}}{S_{\triangle EFC}}$$

$$=\dfrac{S_{\triangle DAE}}{S_{\triangle DAF}}\cdot\dfrac{S_{\triangle EFB}}{S_{\triangle EFC}}=\dfrac{DE}{AF}\cdot\dfrac{BF}{CE}.$$

$$\frac{BJ}{CJ}=\frac{S_{\triangle BGH}}{S_{\triangle CGH}}=\frac{\dfrac{BH}{BE}\cdot S_{\triangle BGE}}{\dfrac{CH}{CF}\cdot S_{\triangle CGF}}=\frac{\dfrac{BH}{BE}\cdot\dfrac{EG}{EA}\cdot S_{\triangle BAE}}{\dfrac{CH}{CF}\cdot\dfrac{FG}{FD}\cdot S_{\triangle CDF}}=\frac{BH}{BE}\cdot\frac{EG}{EA}\cdot\frac{CF}{CH}\cdot\frac{FD}{FG}$$

$$=\frac{S_{\triangle BCF}}{S_{四边形BCEF}}\cdot\frac{S_{\triangle EDF}}{S_{四边形AFED}}\cdot\frac{S_{四边形CEFB}}{S_{\triangle CEB}}\cdot\frac{S_{四边形FEDA}}{S_{\triangle FEA}}$$

$$=\frac{S_{\triangle BCF}}{S_{\triangle CEB}}\cdot\frac{S_{\triangle EDF}}{S_{\triangle FEA}}\cdot\frac{BF}{CE}\cdot\frac{DE}{AF},$$

所以

$$\frac{DI}{AI}=\frac{BJ}{CJ},\quad 即\ DI=BJ.$$

例 12　如图 8-12 所示，设四边形 $ABCD$ 是圆的内接四边形，求证：$\dfrac{AC}{BD}=$

$\dfrac{DA\cdot AB+BC\cdot CD}{AB\cdot BC+CD\cdot DA}$.

证明　根据正弦定理得

$$\frac{AC}{BD}=\frac{\sin\angle ADC}{\sin\angle BAD}.$$

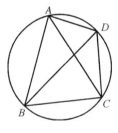

图 8-12

由

$$S_{\triangle ABC}+S_{\triangle ADC}=S_{\triangle BAD}+S_{\triangle BCD},$$

得

$$\frac{1}{2}BA\cdot BC\sin\angle ABC+\frac{1}{2}DA\cdot DC\sin\angle ADC$$

$$=\frac{1}{2}BA\cdot AD\sin\angle BAD+\frac{1}{2}BC\cdot DC\sin\angle BCD,$$

化简上式，得

$$\frac{\sin\angle ADC}{\sin\angle BAD}=\frac{DA\cdot AB+BC\cdot CD}{AB\cdot BC+CD\cdot DA}.$$

所以

$$\frac{AC}{BD}=\frac{DA\cdot AB+BC\cdot CD}{AB\cdot BC+CD\cdot DA}.$$

例13 如图 8-13 所示，已知 ⊙O_1 和 ⊙O_2 相交于点 A、B，CD 是两圆的外公切线，求证：$BC\cdot AD=AC\cdot BD$.

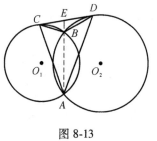

图 8-13

证明 延长 AB 交 CD 于点 E.

因为

$$\frac{CE}{DE}=\frac{AC\sin\angle CAE}{AD\sin\angle DAE}=\frac{BC\sin\angle CAE}{BD\sin\angle DAE},$$

所以

$$BC\cdot AD=AC\cdot BD.$$

综合几何证法一般利用弦切角定理，证明两个三角形相似，得到 $\frac{AC}{BC}=\frac{CE}{BE}$ 和 $\frac{AD}{BD}=\frac{DE}{BE}$，再利用 $EC=DE$ 过渡.

8.2 线段比例和问题

例14 如图 8-14 所示，平面上有 P、Q 两点，从点 P 引出三条射线，从点 Q 引出两条射线，它们交于 6 个点，$AB=BC$，求证：$\frac{XA}{XP}+\frac{ZC}{ZP}=2\cdot\frac{YB}{YP}$（1991 年"江汉杯"数学竞赛题）.

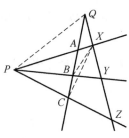

图 8-14

证明 $\dfrac{XA}{XP}+\dfrac{ZC}{ZP}=\dfrac{S_{\triangle QXA}}{S_{\triangle QXP}}+\dfrac{S_{\triangle QXC}}{S_{\triangle QXP}}=2\cdot\dfrac{S_{\triangle QXB}}{S_{\triangle QXP}}=2\cdot\dfrac{YB}{YP}.$

例 15 如图 8-15 所示，F 为 $\triangle ABC$ 的中位线上的一点，BF 的延长线交 AC 于点 G，CF 交的延长线 AB 于点 H. 求证：$\dfrac{AG}{GC}+\dfrac{AH}{HB}=1$（1985 年齐齐哈尔、大庆市竞赛题）.

证明 $\dfrac{AG}{GC}+\dfrac{AH}{HB}=\dfrac{S_{\triangle ABF}}{S_{\triangle CBF}}+\dfrac{S_{\triangle ACF}}{S_{\triangle BCF}}=\dfrac{S_{\triangle ABF}}{S_{\triangle CBF}}+\dfrac{S_{四边形AFBE}}{S_{\triangle BCF}}=\dfrac{S_{\triangle ABE}}{S_{\triangle CBE}}=1.$

如果点 F 在 ED 的延长线上（见图 8-16），结论则是 $\left|\dfrac{AG}{GC}-\dfrac{AH}{HB}\right|=1$，证明过程与上述方法类似.

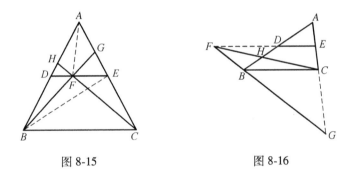

图 8-15   图 8-16

例 16 如图 8-17 所示，F 为 $\triangle ABC$ 的中位线上的一点，BF 的延长线交 AC 于点 G，CF 的延长线交 AB 于点 H，$AB=AC$，求证：$\dfrac{1}{GC}+\dfrac{1}{HB}=\dfrac{3}{AB}.$

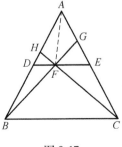

图 8-17

证明 $\dfrac{AC}{GC}+\dfrac{AB}{HB}=\dfrac{S_{\text{四边形}ABCF}}{S_{\triangle BCF}}+\dfrac{S_{\text{四边形}AFBC}}{S_{\triangle BCF}}=\dfrac{3S_{\triangle BCD}}{S_{\triangle BCD}}=3,$

$$\dfrac{1}{GC}+\dfrac{1}{HB}=\dfrac{3}{AB}.$$

如果点 F 在 ED 的延长线上，则有以下两种情况.

（1）如图 8-18 所示，结论是 $\dfrac{1}{GC}+\dfrac{1}{HB}=\dfrac{3}{AB}$（点在延长线上，结论竟然不变，这是值得注意的）.

（2）如图 8-19 所示，结论是 $\dfrac{1}{HB}-\dfrac{1}{GC}=\dfrac{3}{AB}$.

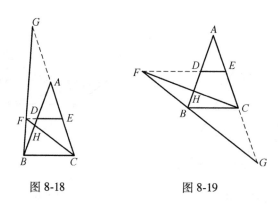

图 8-18   图 8-19

例 17 如图 8-20 所示，已知 D、E 分别是 AC、AB 的中点，BD 交 CE 于点 G，点 R 是 BC 上的一点，过点 A 分别作 CG 和 BG 的平行线，分别与 RG 交于点 S、T，求证：$\dfrac{1}{GS}+\dfrac{1}{GT}=\dfrac{1}{GR}$.

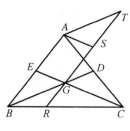

图 8-20

证明　因为

$$\frac{GR}{GS}=\frac{S_{\triangle RGC}}{S_{\triangle SGC}}=\frac{\dfrac{RC}{BC}\cdot S_{\triangle BGC}}{S_{\triangle AGC}}=\frac{RC}{BC},$$

$$\frac{GR}{GT}=\frac{S_{\triangle RBG}}{S_{\triangle TBG}}=\frac{\dfrac{RB}{BC}\cdot S_{\triangle BGC}}{S_{\triangle AGB}}=\frac{RB}{BC},$$

所以

$$\frac{GR}{GS}+\frac{GR}{GT}=\frac{RC}{BC}+\frac{RB}{BC}=1,\ 即\ \frac{1}{GS}+\frac{1}{GT}=\frac{1}{GR}.$$

例 18　如图 8-21 所示，已知 D、E 分别是 AC、AB 的中点，BD 交 CE 于点 G，点 R 是 BC 上的一点，RG 分别与 AB、AC 或其延长线交于点 S、T，求证：$\dfrac{1}{GR}+\dfrac{1}{GS}=\dfrac{1}{GT}$.

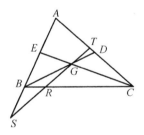

图 8-21

证明　要证 $\dfrac{1}{GR}+\dfrac{1}{GS}=\dfrac{1}{GT}$，即证 $\dfrac{GR}{GT}-\dfrac{GR}{GS}=1$. 先证 $\dfrac{CA}{CT}+\dfrac{CB}{CR}=3$.

因为

$$\frac{CT}{CA}+\frac{CR}{CB}=\frac{S_{\triangle CGT}}{S_{\triangle CGA}}+\frac{S_{\triangle CGR}}{S_{\triangle CGB}}=3\cdot\frac{S_{\triangle CTR}}{S_{\triangle CAB}}=3\cdot\frac{CT\cdot CR}{CA\cdot CB},$$

即

$$\frac{CT\cdot CB+CA\cdot CR}{CA\cdot CB}=3\cdot\frac{CT\cdot CR}{CA\cdot CB},$$

所以

$$\frac{CA}{CT}+\frac{CB}{CR}=3.$$

因为

$$\frac{GR}{GT}=\frac{S_{\triangle CRG}}{S_{\triangle CTG}}=\frac{\dfrac{CR}{CB}\cdot S_{\triangle BGC}}{\dfrac{CT}{CA}\cdot S_{\triangle AGC}}=\frac{\dfrac{CA}{CT}}{\dfrac{CB}{CR}}=\frac{3-\dfrac{CB}{CR}}{\dfrac{CB}{CR}}=3\cdot\frac{CR}{CB}-1,$$

$$\frac{GR}{GS}=1-\frac{RS}{GS}=1-\frac{S_{\triangle ABR}}{S_{\triangle ABG}}=1-3\cdot\frac{S_{\triangle ABR}}{S_{\triangle ABC}}=1-3\cdot\frac{BR}{BC},$$

所以

$$\frac{GR}{GT}-\frac{GR}{GS}=3\cdot\frac{CR}{CB}-1-\left(1-3\cdot\frac{BR}{BC}\right)=1.$$

8.3 等边三角形经典问题

有一个等边三角形的经典问题. 如图 8-22 所示，已知等边三角形 *ABC* 内的

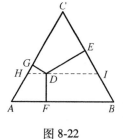

图 8-22

一点 *D* 在三边 *AB*、*BC*、*CA* 上的射影分别为点 *F*、*E*、*G*，求证：*DE+DF+DG* 为常数 $\left(\dfrac{\sqrt{3}}{2}AB\right)$. 与此相关的还有一个等腰三角形问题. 如图 8-22 所示，过点 *D* 作 *AB* 的平行线，分别交 *CA* 、*CB* 于点 *H* 、*I*，则△*CHI* 为等腰三角形，求证：*DE+DG* 为常数.

这两个问题既包含等边三角形（特殊）和等腰三角形（一般）的联系，也涉及全等三角形证明中"截长补短"方法的运用. 用面积法能够轻松解决它们.

如果将点 *D* 拖到△*ABC* 外（见图 8-23），也很容易利用面积法证明 *DE−DF+DG* 为常数.

下面再介绍两个新结论.

结论 1　如图 8-24 所示，已知等边三角形 ABC 内的一点 D 在三边 AB、BC、CA 上的射影分别为点 F、E、G，则 $AF+BE+CG$ 为常数.

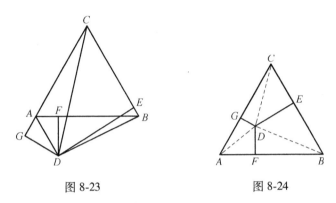

图 8-23　　　　　　　　　图 8-24

证明　根据勾股定理得

$$AF^2=AD^2-DF^2,\ BF^2=BD^2-DF^2,$$

$$BE^2=BD^2-DE^2,\ CE^2=CD^2-DE^2,$$

$$CG^2=CD^2-DG^2,\ AG^2=AD^2-DG^2,$$

所以

$$AF^2+BE^2+CG^2=FB^2+EC^2+GA^2.$$

设 $\triangle ABC$ 的边长为 k，则 $AF=k-FB$，

$$AF^2=k^2-2kFB+FB^2.$$

同理，有

$$BE^2=k^2-2kEC+EC^2,$$

$$CG^2=k^2-2kGA+GA^2.$$

上述三式相加，得

$$FB+EC+GA=\frac{3}{2}k.$$

所以

$$AF+BE+CG=3k-(FB+EC+GA)=\frac{3}{2}k,$$

即 $AF+BE+CG$ 为常数（$\triangle ABC$ 的半周长）.

如果将点 D 拖到 $\triangle ABC$ 外，$AF+BE+CG$ 还是常数吗？

如图 8-25 所示，分别过 A、B、C 三点作 AB、BC、CA 的垂线，得到三个交点 H、I、J. 根据角度关系，容易证明 $\triangle HIJ$ 是等边三角形. 此时，我们回到了最初的问题上，求 $AF+BE+CG$ 就是求等边三角形 HIJ 内的一点 D 到其三边的距离之和.

因为 $AF+BE+CG=\frac{\sqrt{3}}{2}HI$，$HI=\sqrt{3}AB$，所以 $AF+BE+CG=\frac{3}{2}AB$. 这说明只要点 D 在 $\triangle HIJ$ 内，那么 $AF+BE+CG$ 总为常数.

结论 2　如图 8-26 所示，已知等边三角形 ABC 内的一点 D 在三条边 AB、BC、CA 上的射影分别为点 F、E、G，则 $S_{\triangle ADF}+S_{\triangle BDE}+S_{\triangle CDG}=\frac{1}{2}S_{\triangle ABC}$.

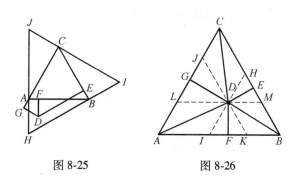

图 8-25　　　　　　　图 8-26

证明　过点 D 作 $\triangle ABC$ 的三条边的平行线，它们与三条边的交点分别为 H、I、J、K、L、M，易证

$$S_{\triangle DAI}=S_{\triangle DAL}，\quad S_{\triangle DIF}=S_{\triangle DKF}，$$
$$S_{\triangle DBM}=S_{\triangle DBK}，\quad S_{\triangle DME}=S_{\triangle DHE}，$$
$$S_{\triangle DCJ}=S_{\triangle DCH}，\quad S_{\triangle DJG}=S_{\triangle DLG}，$$

上述六式相加，得

$$S_{\triangle ADF}+S_{\triangle BDE}+S_{\triangle CDG}=S_{\triangle BDF}+S_{\triangle CDE}+S_{\triangle ADG}.$$

于是

$$S_{\triangle ADF}+S_{\triangle BDE}+S_{\triangle CDG}=\frac{1}{2}S_{\triangle ABC}.$$

下面再给出一个更一般性的结论.

结论 3 如图 8-27 所示，△ABC 为任意三角形，设 AD、BE、CF 是△ABC 的中线，点 G 是△ABC 的重心，点 K 是△ABC 内的一点，作 KH//CF，KI//AD，KJ//BE，则 $S_{\triangle KAH}+S_{\triangle KBI}+S_{\triangle KCJ}=\frac{1}{2}S_{\triangle ABC}$.

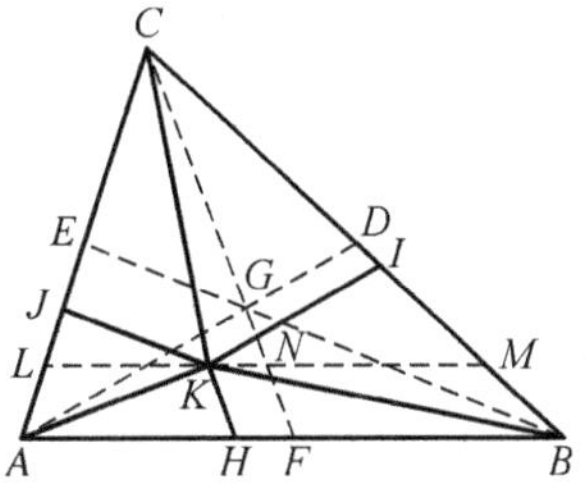

证明 过点 K 作 AB 的平行线交 CA 于点 L，交 CB 于点 M，交 CF 于点 N.

图 8-27

设 $x=S_{\triangle KAB}$，$y=S_{\triangle KBC}$，$z=S_{\triangle KAC}$，则

$$x+y+z=S_{\triangle ABC}.$$

设△ABC 的边 AB 上的高为 h，则

$$y=\frac{KM\cdot h}{2}, \quad z=\frac{KL\cdot h}{2},$$

$$x-2S_{\triangle KAH}=2S_{\triangle KHF}=2x\cdot\frac{HF}{AB}=2x\cdot\frac{KN}{AB}$$

$$=x\cdot\frac{KM-KL}{AB}=\frac{2x(y-z)}{AB\cdot h}=\frac{x(y-z)}{S_{\triangle ABC}}.$$

同理，有

$$y-2S_{\triangle KBI}=\frac{y(z-x)}{S_{\triangle ABC}},$$

$$z-2S_{\triangle KCJ}=\frac{z(x-y)}{S_{\triangle ABC}}.$$

于是

$$x+y+z-2S_{\triangle KAH}-2S_{\triangle KBI}-2S_{\triangle KCJ}=\frac{y(z-x)}{S_{\triangle ABC}}+\frac{x(y-z)}{S_{\triangle ABC}}+\frac{z(x-y)}{S_{\triangle ABC}}=0,$$

即

$$S_{\triangle KAH}+S_{\triangle KBI}+S_{\triangle KCJ}=\frac{1}{2}S_{\triangle ABC}.$$

第9章 ▸▸▸
角度问题

9.1 与角度相关的面积问题

公式 $S_{\triangle ABC} = \dfrac{1}{2}ab\sin C$ 涉及角度、长度和面积，解几何题时非常管用. 但与之相关的正弦定理，按照现在中学教材的编排，到高中才学. 很多题目看起来需要用到正弦定理，那该怎么办呢？能否用门槛较低的共边定理代替呢？

实践表明，很多时候都是可以用共边定理代替正弦定理解题的. 多学一点知识，对解题无疑是大有好处的. 下面给出公式 $S_{\triangle ABC} = \dfrac{1}{2}ab\sin C$ 的两个变式及其应用.

三角形面积斜高公式 在 $\triangle ABC$ 中，在边 BC 所在的直线上任取一点 P，设 $AP = b$，$BC = a$，AP 与 BC 所成的角为 θ，则 $S_{\triangle ABC} = \dfrac{1}{2}ab\sin\theta$.

若点 P 不与点 B、C 重合，则有三种可能的情况（见图 9-1）.

四边形面积公式 在四边互不相交的四边形 $ABPC$ 中，设 $AP = b$，$BC = a$，AP 与 BC 所夹的角为 θ，则 $S_{\text{四边形}ABPC} = \dfrac{1}{2}ab\sin\theta$.

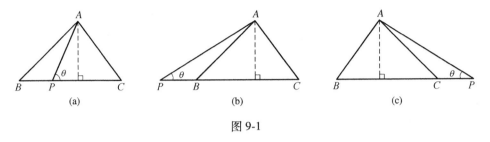

图 9-1

对于该公式，有凸四边形和凹四边形两种情况（见图 9-2）.

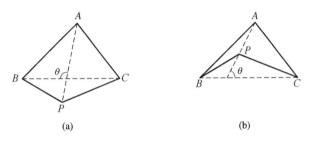

图 9-2

例 1　对于图 9-3，求证：四边形 *ABCD* 的面积等于以其两条对角线 *AC*、*BD* 为两条边且这两条对角线的夹角为这两条边夹角的三角形的面积.

对于学过 $S_{\triangle ABC} = \dfrac{1}{2} ab\sin C$ 的读者而言，很容易得到四边形的面积为 $S = \dfrac{1}{2} mn\sin\theta$，其中 *m*、*n* 是两条对角线的长度，*θ* 是这两条对角线的夹角.

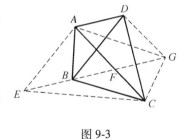

图 9-3

对于没学过 $S_{\triangle ABC} = \dfrac{1}{2} ab\sin C$ 的读者来说，则可以走另外的路.

证法 1　如图 9-3 所示，作平行四边形 *AEBD*，设 *EB* 交 *AC* 于点 *F*，作平行四边形 *AFGD*，我们所需要做的就是将四边形 *ABCD* 分割重组成 △*AEC*，使二者的面积相等. 根据作图可得

$$S_{\triangle ADC} = S_{\triangle AGC} = S_{\triangle AFG} + S_{\triangle CFG} = S_{\triangle AEB} + S_{\triangle CEB},$$

所以

$$S_{四边形ABCD} = S_{\triangle AEC}.$$

证法2 如图 9-4 所示，在 BD 的延长线上截取 $DF = BE$，在 AC 的延长线上截取 $CG = AE$，则

$$S_{四边形ABCD} = S_{\triangle ABE} + S_{\triangle CBE} + S_{\triangle ADC} = S_{\triangle ADF} + S_{\triangle CDF} + S_{\triangle ADC}$$

$$= S_{\triangle CGF} + S_{\triangle CDF} + S_{\triangle EDC} = S_{\triangle EFG}.$$

证法3 如图 9-5 所示，过点 B、D 分别作平行且等于 AC 的线段 BE、DF，则四边形 $BEFD$ 是平行四边形，所以

$$S_{四边形ABCD} = S_{\triangle BCD} + S_{\triangle CEF} = \frac{1}{2} S_{\square BEFD} = S_{\triangle DBE}.$$

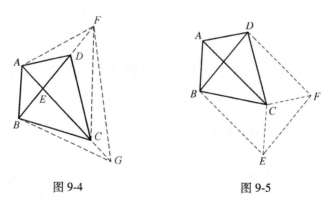

图 9-4　　　　　　　　　　图 9-5

例2 如图 9-6 所示，过四边形 $ABCD$ 的顶点 A 作边 BC 的平行线，过顶点 B 作边 AC 的平行线，这两条直线交于点 E，求证：$S_{\triangle BED} = S_{四边形ABCD}$.

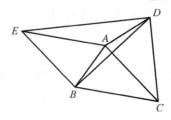

图 9-6

证明 设 AC、BD 的夹角为 θ，则

$$S_{四边形ABCD} = \frac{1}{2}AC \cdot BD \cdot \sin\theta = S_{\triangle BED}.$$

例 3 如图 9-7 所示，已知四边形 $ABCD$，求作一个与它的面积相等的平行四边形．

解 设四边形的对角线 AC、BD 交于点 O. 根据四边形的面积公式，可得对角线在所在直线上滑移时四边形的面积不变，具体作法如下．

（1）分别作出 AC、BD 的中点 M、N.

（2）以 O 为圆心、MA 为半径作弧，交直线 AC 于点 P、Q.

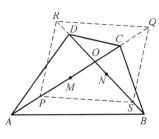

图 9-7

（3）以 O 为圆心、NB 为半径作弧，交直线 BD 于点 S、R.

（4）依次连接 P、S、Q、R，得到凸四边形 $PSQR$，即为所求作的平行四边形．

例 4 求证：过平行四边形内的一点向四边作垂线，以垂足为顶点的四边形的面积为定值．

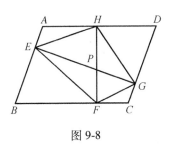

图 9-8

证明 如图 9-8 所示，过点 P 向平行四边形 $ABCD$ 的四边作垂线段，得到四边形 $EFGH$. 由于 EG、FH 为定值，而 $\angle EPF = 180° - \angle B$ 为定值，所以

$$S_{四边形EFGH} = \frac{1}{2}EG \cdot FH \cdot \sin\angle EPF$$

为定值．

例 5 如图 9-9 所示，在锐角三角形 ABC 中，$\angle A = 45°$，$BN \perp AC$，$CM \perp AB$，求证：$S_{\triangle AMN} = S_{四边形BCNM}$.

证明
$$S_{\triangle AMN} = \frac{1}{2}AM \cdot AN \cdot \sin45°$$

$$= \frac{1}{2}CM \cdot BN \cdot \sin45° = S_{四边形BCNM}.$$

思考：假如△ABC 不是锐角三角形，则又如何？△ABC 变成钝角三角形后（见图 9-10），四边形 BCNM 的面积应该如何理解？这涉及有向面积：$S_{四边形BCNM} = S_{\triangle BCM} - S_{\triangle CNM}$（参见第 15 章）.

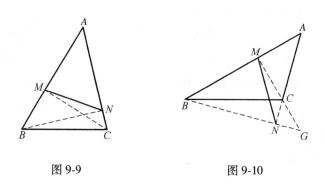

图 9-9   图 9-10

例 6 如图 9-11 所示，在四边形 ABCD 中，对角线 AC、BD 交于点 E，AC、BD 的中点分别是 F、G，作平行四边形 EFHG，AB、BC、CD、DA 的中点分别是 I、J、K、L，求证：$S_{四边形AIHL} = S_{四边形BJHI} = S_{四边形CKHJ} = S_{四边形DLHK}$（2004 年西班牙数学竞赛题）.

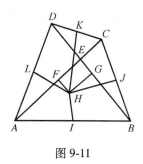

图 9-11

要证明四个四边形的面积相等，只需证明它们都等于同一个面积即可，容易想到这个公共的面积就是 $\frac{1}{4} S_{四边形ABCD}$.

证明　如图 9-12 所示，连接 FL、LI、IF. 根据三角形中位线定理以及四边形的面积公式得

$$S_{\text{四边形}AIHL} = S_{\text{四边形}AIFL} = \frac{1}{4}S_{\text{四边形}ABCD}.$$

同理，可得

$$S_{\text{四边形}BJHI} = \frac{1}{4}S_{\text{四边形}ABCD}，$$

$$S_{\text{四边形}CKHJ} = \frac{1}{4}S_{\text{四边形}ABCD}，$$

$$S_{\text{四边形}DLHK} = \frac{1}{4}S_{\text{四边形}ABCD}.$$

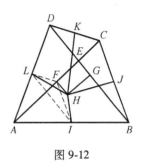

图 9-12

命题得证.

例 7　如图 9-13 所示，连接六边形 $ABCDEF$ 的对角线，再连接这些对角线的中点，得到一个新的六边形 $GHIJKL$，求 $\dfrac{S_{\text{六边形}ABCDEF}}{S_{\text{六边形}GHIJKL}}$（第 9 届苏联数学奥林匹克竞赛题）.

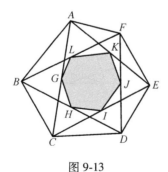

图 9-13

证明　如图 9-14 所示，连接 GJ、HJ、IG，显然 HJ 是 $\triangle DBF$ 的中位线，GI 是 $\triangle CAE$ 的中位线，AE、BF 的夹角与 GI、HJ 的夹角相等，所以

$$S_{\text{四边形}ABEF} = 4S_{\text{四边形}GHIJ}.$$

同理，可得

$$S_{\text{四边形}CDEB} = 4S_{\text{四边形}GJKL}.$$

所以

$$\frac{S_{\text{六边形}ABCDEF}}{S_{\text{六边形}GHIJKL}} = 4.$$

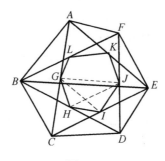

图 9-14

例 8 如图 9-15 所示，在 $\triangle ABC$ 中，$AD = BG$，$BE = CH$，$CF = AI$，求证：$S_{\triangle DEF} = S_{\triangle GHI}$.

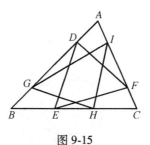

图 9-15

证明 设 $BC = a$，$AC = b$，$AB = c$. 要证 $S_{\triangle DEF} = S_{\triangle GHI}$，可改证

$$S_{\triangle ADF} + S_{\triangle BDE} + S_{\triangle CEF} = S_{\triangle AGI} + S_{\triangle BGH} + S_{\triangle CHI}$$

即证

$$\frac{1}{2}\left[AD \cdot (b - CF)\sin A + BE \cdot (c - AD)\sin B + CF \cdot (a - BE)\sin C \right]$$

$$= \frac{1}{2}\left[CF \cdot (c - AD)\sin A + AD \cdot (a - BE)\sin B + BE \cdot (b - CF)\sin C \right].$$

利用正弦定理 $\sin A : \sin B : \sin C = a : b : c$，化简之后等式显然成立.

例 9　如图 9-16 所示，在锐角三角形 ABC 中，$\angle A$ 的平分线交 BC 于点 D，交 $\triangle ABC$ 的外接圆于点 E，$DF \perp AB$，$DG \perp AC$，求证：$S_{\triangle ABC} = S_{四边形 AFEG}$.

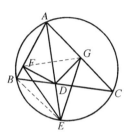

图 9-16

证法 1　易得 $\triangle ABE \backsim \triangle ADC$，于是 $\dfrac{AB}{AD} = \dfrac{AE}{AC}$，易得 $\triangle AFD \cong \triangle AGD$，于是 $FG \perp AD$.

$$S_{\triangle ABC} = \frac{1}{2} AB \cdot AC \cdot \sin \angle BAC$$

$$= AB \cdot AC \cdot \sin \angle BAD \cdot \cos \angle BAD = AB \cdot AC \cdot \frac{FD}{AD} \cdot \frac{FA}{AD}$$

$$= \frac{AE}{AD} \cdot FD \cdot FA = \frac{AE}{AD} \cdot S_{四边形 AFDG}$$

$$= \frac{AE}{AD} \cdot \frac{1}{2} FG \cdot AD = \frac{1}{2} AE \cdot FG = S_{四边形 AFEG}.$$

证法 2　如图 9-16 所示，设 $\triangle ABC$ 的外接圆的半径为 R，则

$$S_{\triangle ABC} = S_{\triangle ABD} + S_{\triangle ACD} = \frac{1}{2} AD \left(AB + AC \right) \sin \frac{A}{2},$$

$$S_{四边形 AFEG} = 2 S_{\triangle AFE} = AD \cdot \cos \frac{A}{2} \cdot AE \cdot \sin \frac{A}{2}.$$

接下来只需证

$$\frac{1}{2}(AB+AC) = AE\cos\frac{A}{2}.$$

因为

$$AE\cos\frac{A}{2} = 2R \cdot \sin\angle ABE \cdot \cos\frac{A}{2}$$

$$= 2R \cdot \sin(\angle ABC + \angle EBC) \cdot \cos\frac{A}{2}$$

$$= R \cdot [\sin(A+B)+\sin B] = \frac{1}{2}(AB+AC),$$

所以命题得证.

证法 3 如图 9-17 所示，作 $EH \perp AB$，$EI \perp AC$，则

$$S_{\triangle EFD} = S_{\triangle FHD}, \quad S_{\triangle DGI} = S_{\triangle DGE},$$

接下来只需证 $S_{\triangle BHD} = S_{\triangle CID}$.

由 $EH = EI$，$\angle EHB = \angle EIC$，$EB = EC$（等角所对的弦相等）得

$$\triangle HBE \cong \triangle ICE, \quad BH = CI.$$

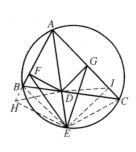

图 9-17

又因为 $DF = DG$，所以 $S_{\triangle BHD} = S_{\triangle CID}$. 命题得证.

证法 4 如图 9-18 所示，作边 BC 上的高 AH，则 A、F、H、D、G 五点共圆.

由 $\angle FHA = \angle FDA$ 得 $\angle FHB = \angle BAD = \angle CAD = \angle CBE$，所以 $FH /\!/ BE$.

同理，可得 $GH /\!/ CE$. 所以

$$S_{\triangle ABC} = S_{四边形 AFHG} + S_{\triangle BFH} + S_{\triangle CGH}$$

$$= S_{四边形 AFHG} + S_{\triangle EFH} + S_{\triangle EGH}$$

$$= S_{四边形 AFEG}.$$

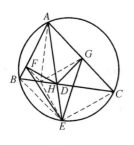

图 9-18

例 10 如图 9-19 所示，若从 $\odot O$ 外的一点 P 向该圆作两条互相垂直的割线

PAB、PCD，求证：$S_{\triangle OAC} = S_{\triangle OBD}$.

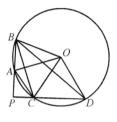

图 9-19

证明　由 $\angle BCD = 90° + \angle ABC$ 得

$$180° - \frac{1}{2}\angle BOD = 90° + \frac{1}{2}\angle AOC,\ \text{即}\ \angle BOD + \angle AOC = 180°,$$

所以

$$S_{\triangle OAC} = S_{\triangle OBD}.$$

9.2　用面积法求角度

相对于求面积和线段的长度，求角度不是面积法的长处，但有时面积法也能发挥意想不到的作用．

例 11　如图 9-20 所示，已知四边形 $ABCD$，$AD = BC$，E、F 分别是 AB、CD 的中点，设 AD 与 EF 交于点 G，BC 与 EF 交于点 H，求证：$\angle AGE = \angle BHE$.

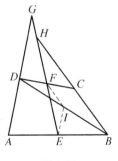

图 9-20

证明 由

$$\frac{GA \cdot GE \sin \angle AGE}{HB \cdot HE \sin \angle BHE} = \frac{S_{\triangle AGE}}{S_{\triangle BHE}} = \frac{EA \cdot EG \sin \angle AEG}{EB \cdot EH \sin \angle BEH},$$

得

$$GA \sin \angle AGE = HB \sin \angle BHE.$$

同理，可得

$$GD \sin \angle AGE = HC \sin \angle BHE.$$

两式相减，得

$$AD \sin \angle AGE = BC \sin \angle BHE, \quad \angle AGE = \angle BHE.$$

也可以这样证明：取 BD 的中点 I，连接 EI、FI，易证 $\angle AGE = \angle IEF = \angle IFE = \angle BHE$.

例 12 如图 9-21 所示，在正六边形 $ABCDEF$ 中，G 和 H 分别是 BC 和 CD 的中点，EG 交 FH 于点 I，求证 $S_{\triangle EFI} = S_{四边形GCHI}$，并求 $\angle FIE$.

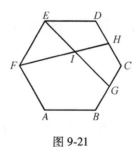

图 9-21

证明 四边形 $FHDE$ 可看作由四边形 $EGCD$ 绕正六边形的中心逆时针旋转 $60°$ 得到，所以

$$S_{\triangle EFI} = S_{四边形GCHI}, \quad \angle FIE = 60°.$$

例 13 如图 9-22 所示，以锐角三角形 ABC 的边 AB、AC 为边，分别作等边三角形 DAB 和 EAC，CD 交 BE 于点 F，求证：$\angle AFD = \angle AFE$.

证明 易证 $\triangle ABE \cong \triangle ADC$，则 $DC = BE$，$S_{\triangle ABE} = S_{\triangle ADC}$，所以点 A 到 BE 的距离等于点 A 到 DC 的距离. 这证明点 A 在 $\angle DFE$ 的平分线上，即 $\angle AFD = \angle AFE$.

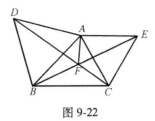

图 9-22

例 14 如图 9-23 所示,平行四边形 $ABCD$ 的邻边 AB、AD 上有 E、F 两点,且满足 $DE = BF$,DE 与 BF 交于点 G,求证:$\angle DGC = \angle BGC$.

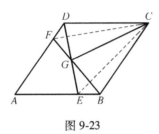

图 9-23

证明 由 $S_{\triangle DEC} = \dfrac{1}{2} S_{\square ABCD} = S_{\triangle BFC}$,$DE = BF$ 可知点 C 到 DE 的距离等于点 C 到 BF 的距离,这说明点 C 在 $\angle DGB$ 的平分线上,即 $\angle DGC = \angle BGC$.

例 15 如图 9-24 所示,在平行四边形 $ABCD$ 中,E、F 分别是 AB、BC 上的点,且满足 $AE = CF$,CE 交 AF 于点 G,求证:$\angle ADG = \angle CDG$.

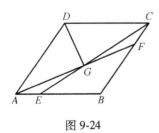

图 9-24

证法 1 如图 9-25 所示,过点 G 作 AB 的垂线 HI,作 BC 的垂线 JK,因为

$$S_{\triangle AEC} - S_{\triangle AEG} = S_{\triangle AGC} = S_{\triangle AFC} - S_{\triangle GCF},$$

$$\frac{1}{2}AE \cdot IH - \frac{1}{2}AE \cdot GH = \frac{1}{2}CF \cdot KJ - \frac{1}{2}CF \cdot GJ,$$

所以

$$AE \cdot IG = CF \cdot KG.$$

由 $AE = CF$ 得 $IG = KG$，所以点 G 在 $\angle ADC$ 的平分线上，即 $\angle ADG = \angle CDG$.

证法 2 如图 9-26 所示，AF 与 DC 的延长线交于点 H，则

$$\triangle AEG \backsim \triangle HCG, \quad \triangle HCF \backsim \triangle HDA,$$

所以

$$\frac{AG}{HG} = \frac{AE}{HC} = \frac{AE}{\dfrac{DH \cdot CF}{AD}} = \frac{AD}{DH}.$$

这表明点 G 在 $\angle ADC$ 的平分线上，即 $\angle ADG = \angle CDG$.

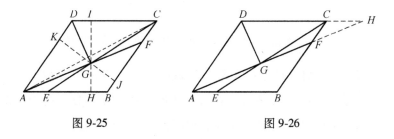

图 9-25　　　　　　　　　　　图 9-26

例 16 如图 9-27 所示，已知 $OC = OD$，$AC = BD$，AD 与 BC 相交于点 E，求证：OE 平分 $\angle AOB$.

特级教师孙维刚在其专著《孙维刚谈立志成才——全班 55% 怎样考上北大清华》一书中写道："这道题原载于 20 世纪 80 年代平面几何课本第三章的复习题中，后因许多老师的非议而被删去了."一些老师为什么非议它？说它太难了，因为要证三次全等，而证两次全等已够

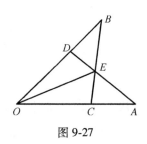

图 9-27

学生想半天了.

其实, 若学一点面积法, 再结合等腰三角形三线合一的性质, 很容易就能解题.

证明　如图 9-28 所示, 设 OE 与 AB 相交于点 F, 则

$$\frac{BF}{AF} = \frac{S_{\triangle BOE}}{S_{\triangle AOE}} = \frac{S_{\triangle BOE}}{S_{\triangle BAE}} \cdot \frac{S_{\triangle BAE}}{S_{\triangle AOE}} = \frac{OC}{AC} \cdot \frac{BD}{OD} = 1,$$

所以, F 是 AB 的中点, OE 平分 $\angle AOB$.

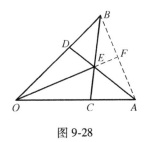

图 9-28

例 17　如图 9-29 所示, 在正方形 $ABCD$ 中, 过点 D 作对角线 AC 的平行线, 在平行线上作一点 E, 使得 $CA = CE$, CE 与 AD 相交于点 F, 求证: $\angle AEF = \angle AFE$.

这是一位中学老师向作者请教的一个题目, 我们可以按以下方法证明.

如图 9-30 所示, 作 $EI \perp AC$, 设 BD 与 AC 相交于点 O, 显然四边形 $EDOI$ 是矩形, $CE = CA = BD = 2OD = 2IE$, 所以 $\angle ACE = 30°$, $\angle AEF = \angle CAE = 75°$, $\angle DAE = 30°$, $\angle AFE = 75°$, 即 $\angle AEF = \angle AFE$.

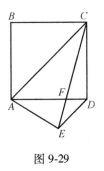

图 9-29

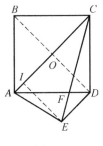

图 9-30

但此题到此并没有结束, 我们还可以进行探究. 一般的解题者比较依赖题目

给出的图形，而长期使用动态几何软件的人在解题时则会不自觉地尝试重新作图，即使不动手，也会在心里把作图步骤走一遍.

对于此题，在作好正方形 $ABCD$ 后，寻找满足条件的点 E 时，通常以 C 为圆心，CA 为半径作圆. 圆与平行线的交点显然不止点 E，还有点 E'（见图 9-31），也满足 $CA = CE'$. 在前面证明的基础上，我们容易证明 $AE' = AF'$. 如图 9-31 所示，作 $E'J \perp AC$，显然 $CE' = CA = BD = 2OD = 2IE = 2JE'$，所以 $\angle E'CJ = 30°$，易得 $\angle CE'A = \angle CF'A = 15°$.

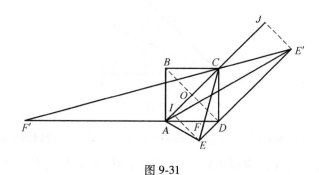

图 9-31

若用面积法来证明此题，则可以发现两种情形都非常简单，而且每一种情形的证法都是独立的.

证明 情形 1：对于图 9-30，由 $DE /\!/ AC$ 得

$$S_{\triangle ACD} = S_{\triangle ACE},$$

即

$$\frac{1}{2}AD^2 = \frac{1}{2}AC^2 \sin \angle ACE.$$

解得

$$\sin \angle ACE = \frac{1}{2}, \quad \angle ACE = 30°.$$

容易算得

$$\angle AEF = \angle AFE = 75°.$$

情形 2：对于图 9-31，由 $DE' /\!/ AC$ 得

$$S_{\triangle ACD} = S_{\triangle ACE'} ,$$

即

$$\frac{1}{2}AD^2 = \frac{1}{2}AC^2 \sin \angle ACE' .$$

解得

$$\sin \angle ACE' = \frac{1}{2} , \quad \angle ACE' = 150° .$$

容易算得

$$\angle AE'F' = \angle AF'E' = 15° .$$

第10章 ▶▶▶
面积法与不等式

前面讲到，我们可以从不同的角度看同一个图形，得出面积等式．有时，我们有意识地将等式中的某一项（可以是长度、角度、面积）放大或缩小，或者干脆舍去，从而使面积等式变成不等式，我们称之为面积缩放．

有时，面积的计算过程要与不等式知识相结合，特别是一些几何不等式．

10.1 面积缩放

先来看两个非常简单的问题．

例1 对于图 10-1，求证：$x^2+y^2 \geqslant 2xy$．

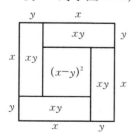

图 10-1

证明 因为

$$(x+y)^2 = 4xy+(x-y)^2, (x-y)^2 \geqslant 0,$$

所以

$$(x+y)^2 \geqslant 4xy, \text{ 即 } x^2+y^2 \geqslant 2xy,$$

当且仅当 $x=y$ 时等号成立．

例2 求证：$x(1-x) \leqslant \dfrac{1}{4}$，其中 $0 < x < 1$．

证明　如图 10-2 所示，从边长为 1 的正方形中分割出 4 个面积为 $x(1-x)$ 的矩形，中间还剩下一块．由面积关系得

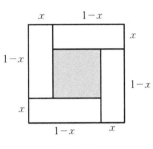

$$4x(1-x) \leqslant 1，即 x(1-x) \leqslant \frac{1}{4}.$$

这两道题的图形看起来差不多，仅仅标记不同．

图 10-2

例 3　已知正数 a、b、c 和 x、y、z 满足 $a+x=b+y=c+z=K$，求证：$xb+yc+za<K^2$．

证明　如图 10-3 所示，设 $\triangle ABC$ 是边长为 K 的等边三角形，根据

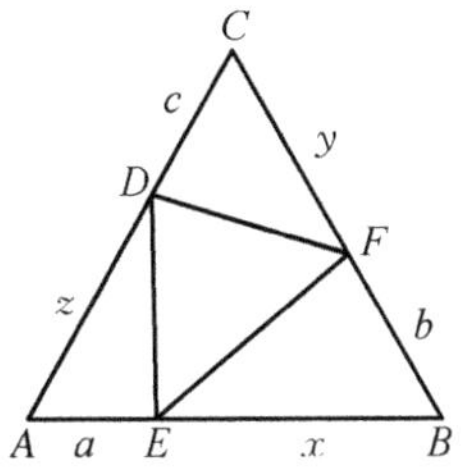

$$S_{\triangle AED}+S_{\triangle BEF}+S_{\triangle FCD}<S_{\triangle ABC},$$

得

$$\frac{1}{2}az\sin60°+\frac{1}{2}bx\sin60°+\frac{1}{2}cy\sin60°<\frac{1}{2}K^2\sin60°,$$

化简后得

$$xb+yc+za<K^2.$$

图 10-3

在一些资料上，还可以看到另外的构图证明，譬如构造正方形．

例 4　设 x、y、z 为实数，且 $0<x<y<z<\frac{\pi}{2}$，求证：$\sin2x+\sin2y+\sin2z<\frac{\pi}{2}+2\sin x\cos y+2\sin y\cos z$．

待证不等式可变形为

$$\sin x\cos x+\sin y\cos y+\sin z\cos z<\frac{\pi}{4}+\sin x\cos y+\sin y\cos z,$$

$$\sin x(\cos x-\cos y)+\sin y(\cos y-\cos z)+\sin z\cos z<\frac{\pi}{4}.$$

上述不等式的几何意义是什么？如图 10-4 所示，设点 $A(\cos x,\sin x)$、$B(\cos y,\sin y)$ 和 $C(\cos z,\sin z)$ 为单位圆上的三个点，过点 A、B、C 分别作 x 轴和 y

轴的垂线，得三个矩形. 这三个矩形的面积之和显然小于单位圆面积的$\dfrac{1}{4}$.

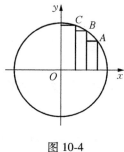

图 10-4

例 5 如图 10-5 所示，在六边形 $ABCDEF$ 中，三条对角线相交于点 O，且 $AD = BE = CF = 2$，$\angle AOB = \angle COD = \angle EOF = 60°$. 求证：$S_{\triangle AOB} + S_{\triangle COD} + S_{\triangle EOF} < \sqrt{3}$.

如何利用三条对角线相等的条件，如何将三个不在一起的三角形搬到一起，是解题的关键. 其实，这两个问题是同一个问题.

证明 如图 10-6 所示，延长 OA 至点 G，使得 $OG = 2$；延长 OB 至点 H，使得 $OH = 2$；在 GH 上取一点 K，使得 $GK = OC$. 易证

$$\triangle AGK \cong \triangle DOC, \quad \triangle BHK \cong \triangle EOF,$$

因此

$$S_{\triangle AOB} + S_{\triangle COD} + S_{\triangle EOF} = S_{\triangle AOB} + S_{\triangle AGK} + S_{\triangle BHK} < S_{\triangle OGH} = \dfrac{\sqrt{3}}{4} \times 2^2 = \sqrt{3}.$$

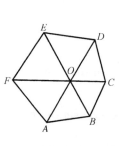

图 10-5

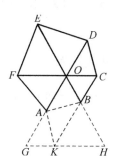

图 10-6

例 6 在 $\triangle ABC$ 中，求证：$\sin A+\sin B+\sin C\leqslant\dfrac{3\sqrt{3}}{2}$.

证明 如图 10-7 所示，作单位圆，过其圆心作三条直径，三条直径两两所夹的角分别等于 $\triangle ABC$ 的三个内角，根据圆内接 n 边形中正 n 边形的面积最大，可知

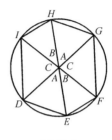

图 10-7

$$S_{\text{六边形}DEFGHI}\leqslant6\times\dfrac{\sqrt{3}}{4}\times1^{2},$$

即

$$2\left(\dfrac{1}{2}\times1\times1\times\sin A+\dfrac{1}{2}\times1\times1\times\sin B+\dfrac{1}{2}\times1\times1\times\sin C\right)\leqslant\dfrac{3\sqrt{3}}{2},$$

$$\sin A+\sin B+\sin C\leqslant\dfrac{3\sqrt{3}}{2}.$$

这种证法并不是很好，如果"圆内接 n 边形中正 n 边形的面积最大"不能直接拿来使用的话，此命题的难度就大过需求证的不等式. 我们可以通过三角函数变换来证明.

因为

$$\sin A+\sin B+\sin C+\sin60°$$

$$=2\sin\dfrac{A+B}{2}\cdot\cos\dfrac{A-B}{2}+2\sin\dfrac{C+60°}{2}\cdot\cos\dfrac{C-60°}{2}$$

$$\leqslant2\sin\dfrac{A+B}{2}+2\sin\dfrac{C+60°}{2}$$

$$=4\sin\dfrac{A+B+C+60°}{4}\cdot\cos\dfrac{A+B-C-60°}{4}$$

$$=2\sqrt{3}\cos\dfrac{C-60°}{2}\leqslant2\sqrt{3},$$

所以

$$\sin A+\sin B+\sin C\leqslant\frac{3\sqrt{3}}{2}.$$

相当多的资料介绍了用面积法证明 $\sin x<x<\tan x\left(0<x<\frac{\pi}{2}\right)$，这里就略过了.

例 7 对于 $0<\alpha<\beta<\frac{\pi}{2}$，求证：$\frac{\tan\beta}{\beta}>\frac{\tan\alpha}{\alpha}$.

证明 如图 10-8 所示，设 $\angle AOB=\alpha$，$\angle AOC=\beta$，以 OB 为半径画弧与 OA、OC 分别交于点 E、D，则

$$\frac{\tan\beta}{\tan\alpha}=\frac{AC}{AB}=\frac{S_{\triangle OAC}}{S_{\triangle OAB}}=1+\frac{S_{\triangle OBC}}{S_{\triangle OAB}}$$

$$>1+\frac{S_{\text{扇形}OBD}}{S_{\text{扇形}OEB}}=1+\frac{\beta-\alpha}{\alpha}>\frac{\beta}{\alpha}.$$

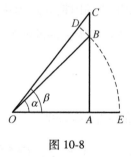

图 10-8

例 8 证明柯西不等式.

众所周知，证明勾股定理时可用两个正方形，也可以用一个正方形，还可以用半个正方形（即直角梯形）！那么证明柯西不等式呢？很多文章介绍数学的迁移、类比、推广，这不正是吗？以前的很多教材利用相似三角形来证明勾股定理，后来考虑这样做会导致勾股定理很晚才出现，所以现在一般改用面积法证明. 图 10-9 是现行教材采用得较多的一种证法，也可以只用其一半，也就是一个直角梯形. 如果舍弃直角，就可以用它来证明柯西不等式（见图

10-10）．

类似地，也可以只取图 10-10 的一半进行证明．由于 $a+d$ 不一定等于 $b+c$，所以最好将正方形改为长方形．

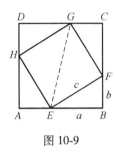
图 10-9

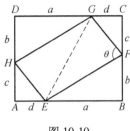
图 10-10

证明　对于图 10-10，根据面积相等，可得

$$(a+d)(b+c)=ab+cd+\sqrt{(a^2+b^2)(c^2+d^2)}\sin\theta,$$

化简，得

$$ac+bd=\sqrt{(a^2+b^2)}\sqrt{(c^2+d^2)}\sin\theta,(ac+bd)^2\leqslant(a^2+b^2)(c^2+d^2).$$

例 9　如图 10-11 所示，两个完全一样的矩形相交于 8 个点，求证：这两个矩形的公共部分的面积大于每个矩形面积的一半．

证明　设 I、J、K、L 是其中的 4 个交点，IK 交 JL 于点 M. 由于点 I 到 EH 的距离等于点 I 到 AD 的距离，所以 $\angle EKI=\angle DKI$；同理，可得 $\angle ALJ=$ $\angle FLJ$，由 A、E、L、K 四点共圆可得 $\angle AKE=$ $\angle ALE$，所以 $\angle FLJ=\angle EKI$. 因此，E、L、M、K 四点共圆，$\angle LMK=90°$. 设两个矩形公共部分的面积为 S，则

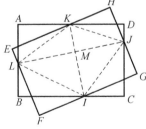
图 10-11

$$S\geqslant S_{四边形LIJK}=\frac{1}{2}LJ\cdot KI>\frac{1}{2}AB\cdot BC=\frac{1}{2}S_{矩形ABCD}.$$

例 10　在 $\triangle ABC$ 的边 AB 上取一点 P，作 $PD\perp BC$，已知 $AB=AC$，求证 $2S_{\triangle PDC}\leqslant$ $S_{\triangle ABC}$.

证明 如图 10-12 所示，作等腰三角形 ABC 的中线 AE，过点 P 作 BC 的平行线交 AE 于点 F，交 AC 于点 G，则

$$S_{\triangle PDC} = S_{\triangle FDC} = S_{\triangle FDE} + S_{\triangle FEC} = S_{\triangle FDP} + S_{\triangle FEC}$$

$$= S_{\triangle FCG} + S_{\triangle FEC} = S_{梯形ECGF},$$

所以

$$2S_{\triangle PDC} = S_{梯形BCGP} \leqslant S_{\triangle ABC}.$$

得到上述证明之后，进一步反思：原题可改成求证 $S_{\triangle PDC} = S_{梯形ECGF}$，也就是证明 $S_{\triangle PDC} = S_{\triangle PBD} + S_{\triangle CPG}$。而这三个三角形是共高的。如图 10-13 所示，作 $GH \perp BC$，由对称性可知 $BD + PG = DH + HC = DC$，命题得证。

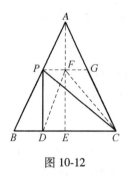 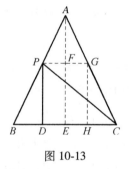

图 10-12　　　　　　　　图 10-13

例 11 阿贝尔恒等式和不等式。

阿贝尔恒等式：

$$a_1 b_1 + a_2 b_2 + a_3 b_3 + \cdots + a_n b_n$$

$$= a_1 (b_1 - b_2) + (a_1 + a_2)(b_2 - b_3) + \cdots + (a_1 + a_2 + \cdots + a_{n-1})(b_{n-1} - b_n)$$

$$+ (a_1 + a_2 + \cdots + a_n) b_n.$$

上式看起来有点复杂，其实很简单，就是从两个角度看同一个图形的面积。当 $n = 3$ 时，如图 10-14 所示，左右两个图形的面积相等，于是

$$a_1 b_1 + a_2 b_2 + a_3 b_3 = a_1 (b_1 - b_2) + (a_1 + a_2)(b_2 - b_3) + (a_1 + a_2 + a_3) b_3.$$

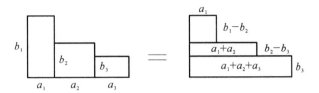

图 10-14

而另一个不等式为

$$ab+bc+ca \leqslant a^2+b^2+c^2,$$

也可以类似构图（见图 10-15），这个不等式告诉我们，将一些数两两配对再求和时，把较大者和较大者配对所得到的结果要大一些.

图 10-15

例 12　如图 10-16 所示，已知凸四边形 $ABCD$，AB、BD、CD、CA 的中点分别为 E、F、G、H，求证：$2S_{四边形EFGH} < S_{四边形ABCD}$（2004 年新西兰数学竞赛题）.

证明　设 BC、DA 的中点分别为 I、J，EJ、IG 分别交 AC 于 K、L，易得 $2S_{四边形EIGJ}=S_{四边形ABCD}$，下面只需证明 $S_{四边形EFGH}<S_{四边形EIGJ}$，即证明 H、F 在四边形 $EIGJ$ 的内部，易得 $AH = KL = \dfrac{1}{2}AC$，从而 $AH + KL =$

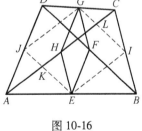

图 10-16

AC，那么点 H 不能在线段 AK 和 CL 上，只能在线段 KL 上，所以点 H 在四边形 $EIGJ$ 的内部. 同理，可知点 F 在四边形 $EIGJ$ 的内部. 命题得证.

对于这个问题，很多解题者不知道如何说明 $S_{四边形EFGH}<S_{四边形EIGJ}$，甚至有人认为 $S_{四边形EFGH}<S_{四边形EIGJ}$ 是显然的，无须说明. 可见，要说明一件看似显然的事情并不容易.

10.2 几何不等式

几何不等式几乎都与面积相关，或以面积"入题"，或用面积法求解.

例 13 如果三角形的三条边长都不超过 1，求证其面积不超过 $\dfrac{\sqrt{3}}{4}$.

证明 设三角形的最小角为 α，其两边的长度为 a、b，则其面积

$$S=\frac{1}{2}ab\sin\alpha\leqslant\frac{1}{2}\sin\alpha\leqslant\frac{1}{2}\sin60°=\frac{\sqrt{3}}{4}.$$

例 14 如图 10-17 所示，凸四边形 $ABCD$ 的两条对角线交于点 O，求证：$S_{\triangle AOD}+S_{\triangle COB}\geqslant2\min(S_{\triangle BOA},S_{\triangle DOC})$.

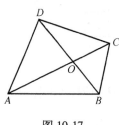

图 10-17

证明 设 $\dfrac{AO}{OC}=k$，则

$$\frac{S_{\triangle AOD}}{S_{\triangle DOC}}=k,\ \frac{S_{\triangle COB}}{S_{\triangle BOA}}=\frac{1}{k},$$

$$S_{\triangle AOD}+S_{\triangle COB}=kS_{\triangle DOC}+\frac{1}{k}S_{\triangle BOA}$$

$$\geqslant\left(k+\frac{1}{k}\right)\min(S_{\triangle BOA},S_{\triangle DOC})$$

$$\geqslant2\min(S_{\triangle BOA},S_{\triangle DOC}).$$

例 15 如图 10-18 所示，已知 $AC\perp BC$，$CD\perp AB$，求证：$AB+CD>AC+BC$.

证明 此式牵涉直角三角形，可以考虑将不等式两边平方，原不等式转化为

$$AB^2+CD^2+2AB\cdot CD>AC^2+BC^2+2AC\cdot BC,$$

其中

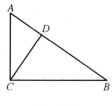

图 10-18

$$AB^2=AC^2+BC^2,\ AB\cdot CD=2S_{\triangle ABC}=AC\cdot BC,$$

而 $CD^2>0$ 显然成立，故原不等式得证.

例 16 如图 10-19 所示，在 $\triangle ABC$ 中，D 为 BC 的中点，E、F 分别是边 AC、

AB 上的任意点，求证：$\dfrac{S_{\triangle DEF}}{S_{\triangle ABC}} \leqslant \dfrac{1}{2}$．

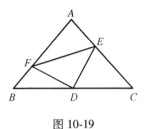

图 10-19

证明　不妨设 $AF=rAB$，$AE=sAC$，且 $0 \leqslant r \leqslant s \leqslant 1$，则
$$BF=(1-r)AB, CE=(1-s)AC,$$
所以
$$\frac{S_{\triangle DEF}}{S_{\triangle ABC}} = \frac{S_{\triangle ABC}-S_{\triangle AFE}-S_{\triangle BDF}-S_{\triangle CDE}}{S_{\triangle ABC}}$$
$$=1-rs-\frac{1}{2}(1-r)-\frac{1}{2}(1-s)=\frac{r+s}{2}-rs.$$

设 $s=r+t$，其中 $0 \leqslant t \leqslant 1$，要证 $\dfrac{r+s}{2}-rs \leqslant \dfrac{1}{2}$，只需证 $r+\dfrac{t}{2}-r(r+t)-\dfrac{1}{2} \leqslant 0$，即 $-r^2+r(1-t)+\dfrac{t-1}{2} \leqslant 0$．视其为关于 r 的二次函数，只要证明其判别式非正，即 $(1-t)^2-4 \times (-1) \times \dfrac{t-1}{2} \leqslant 0$ 即可．此式化简后为 $t^2 \leqslant 1$，显然成立，故命题得证．

例 17　如图 10-20 所示，在 $\triangle ABC$ 的三边 AB、BC、CA 上分别取一点 D、E、

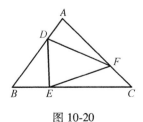

图 10-20

F，求证：$\triangle ADF$、$\triangle BDE$、$\triangle CEF$ 中至少有一个的面积不大于 $\triangle ABC$ 的面积的 $\dfrac{1}{4}$．

证明 设 $AD=rAB$，$BE=sBC$，$CF=tCA$，则 $BD=(1-r)AB$，$CE=(1-s)BC$，$AF=(1-t)CA$，

所以

$$\frac{S_{\triangle ADF}}{S_{\triangle ABC}} \cdot \frac{S_{\triangle BDE}}{S_{\triangle ABC}} \cdot \frac{S_{\triangle CEF}}{S_{\triangle ABC}} = \frac{AD \cdot AF}{AB \cdot AC} \cdot \frac{BD \cdot BE}{BA \cdot BC} \cdot \frac{CE \cdot CF}{CB \cdot CA}$$

$$= rst(1-r)(1-t)(1-s) \leqslant \left(\frac{1}{4}\right)^{3}.$$

可见第一行等号左边的比值中至少有一个不大于 $\dfrac{1}{4}$，命题得证．

例 18 过三角形重心的直线将三角形分成两部分，求证：这两部分的面积之差不大于原三角形面积的 $\dfrac{1}{9}$（1978 年安徽省中学数学竞赛题）．

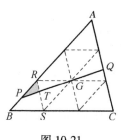

图 10-21

如图 10-21 所示，在 $\triangle ABC$ 中，过重心 G 作一条直线，它依次交 AB、AC 于点 P、Q．我们知道 $\dfrac{AB}{AP}+\dfrac{AC}{AQ}=3$（参看第 3 章例 7），又因为 $\dfrac{S_{\triangle ABC}}{S_{\triangle APQ}}=\dfrac{AB}{AP} \cdot \dfrac{AC}{AQ}$．根据基本不等式的性质，可知当 $\dfrac{AB}{AP}=\dfrac{AC}{AQ}=\dfrac{3}{2}$ 时，$\dfrac{S_{\triangle ABC}}{S_{\triangle APQ}}$ 取最大值 $\dfrac{9}{4}$；当 $\dfrac{AB}{AP}$ 和 $\dfrac{AC}{AQ}$ 相差较大时，$\dfrac{S_{\triangle ABC}}{S_{\triangle APQ}}$ 取最小值 2．

上面的证法既需要引用已有结论，又需要用到不等式知识，是否有巧法呢？

如图 10-21 所示，作出三角形三边的三等分点并连线，容易发现题目所求的面积差不会超过 $S_{\triangle RBS}$，而 $S_{\triangle RBS}=\dfrac{1}{9}S_{\triangle ABC}$．

例 19 如图 10-22 所示，设 P 是等边三角形 ABC 内的一点，分别以 $\triangle ABC$ 的三边为对称轴，作点 P 的对称点 D、E、F，求证：$S_{\triangle DEF} \leqslant S_{\triangle ABC}$.

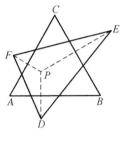

图 10-22

证明 设 $\triangle ABC$ 的边长为 a，点 P 到三边的距离分别为 x、y、z，则

$$S_{\triangle DEF} = \frac{1}{2} \cdot 4xy\sin 120° + \frac{1}{2} \cdot 4yz\sin 120° + \frac{1}{2} \cdot 4zx\sin 120°$$

$$= \sqrt{3}\ (xy + yz + zx)\ \leqslant \sqrt{3} \times \frac{1}{3}\ (x + y + z)^2$$

$$= \sqrt{3} \times \frac{1}{3}\left(\frac{\sqrt{3}a}{2}\right)^2 \leqslant \frac{\sqrt{3}}{4}a^2 = S_{\triangle ABC}.$$

此处用到结论"等边三角形内的一点到三边的距离之和等于该三角形的高"（参看 8.3 节）.

例 20 如图 10-23 所示，如果六边形 $ABCDEF$ 的三条对角线 AD、BE、CF 分别平分六边形的面积，求证：这些对角线交于一点.

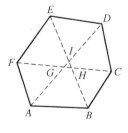

图 10-23

证明 假设 AD、BE、CF 分别相交于点 G、H、I，则由

$$S_{\triangle ABI}+S_{四边形BCDI}=S_{\triangle DEI}+S_{四边形BCDI},$$

得

$$S_{\triangle ABI}=S_{\triangle DEI},$$

所以

$$EI \cdot DI = AI \cdot BI > AG \cdot BH.$$

同理，可得 $BH \cdot CH > EI \cdot FG$，$FG \cdot AG > DI \cdot CH$。

将上述三个不等式连乘，得

$$EI \cdot DI \cdot BH \cdot CH \cdot FG \cdot AG > AG \cdot BH \cdot EI \cdot FG \cdot DI \cdot CH,$$

即 $1>1$，这是不可能的，所以假设不成立，原命题得证。

例 21 如图 10-24 所示，D 是面积为 S 的 $\triangle ABC$ 内的一点，求证：$AD \cdot BC + BD \cdot CA + CD \cdot AB \geqslant 4S$。

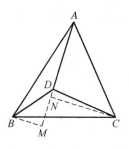

图 10-24

证明 设点 B 在 AD 上的射影为 M，点 C 在 AD 上的射影为 N，则

$$\frac{1}{2}AD \cdot BC \geqslant \frac{1}{2}AD(BM+CN)=S_{\triangle ABD}+S_{\triangle ADC}.$$

同理，可得

$$\frac{1}{2}BD \cdot CA \geqslant S_{\triangle BCD}+S_{\triangle BAD},$$

$$\frac{1}{2}CD \cdot AB \geqslant S_{\triangle BCD}+S_{\triangle ADC}.$$

上述三式相加，得

$$AD \cdot BC + BD \cdot CA + CD \cdot AB \geqslant 4S.$$

例 22　如图 10-25 所示，已知 $S_{\triangle ABC} = 1$，D、E 分别是 AC、AB 上的动点，BD 与 CE 相交于点 P，满足 $S_{\text{四边形}BCDE} = \dfrac{16}{9} S_{\triangle PBC}$，求 $S_{\triangle DEP}$ 的最大值．

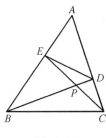

图 10-25

解　设 $S_{\triangle BPC} = 9k$，$S_{\text{四边形}BCDE} = 16k$，$S_{\triangle BPE} = ak$，$S_{\triangle DPC} = bk$，则

$$S_{\triangle EPD} = 16k - ak - bk - 9k.$$

又因为

$$\frac{S_{\triangle EPD}}{S_{\triangle DPC}} = \frac{EP}{PC} = \frac{S_{\triangle BPE}}{S_{\triangle BPC}}, \quad S_{\triangle EPD} = \frac{S_{\triangle BPE} \cdot S_{\triangle DPC}}{S_{\triangle BPC}} = \frac{ab}{9} k,$$

所以

$$16k - ak - bk - 9k = \frac{ab}{9} k,$$

$$\frac{ab}{9} = 7 - a - b, \quad \frac{ab}{9} \leqslant 7 - 2\sqrt{ab},$$

$$(\sqrt{ab} - 3)(\sqrt{ab} + 21) \leqslant 0,$$

所以

$$0 \leqslant \sqrt{ab} \leqslant 3.$$

当且仅当 $a=b=3$ 时，$S_{\triangle DEP}$ 取最大值 k.

此时，$\dfrac{DE}{BC}=\dfrac{1}{3}$，

$$S_{\triangle ADE}=\dfrac{1}{9},\ S_{\triangle DEP}=\dfrac{1}{16}\times\dfrac{8}{9}=\dfrac{1}{18}.$$

所以，$S_{\triangle DEP}$ 的最大值为 $\dfrac{1}{18}$.

例23 如图 10-26 所示，等腰直角三角形 ABC 的腰长为 1，D 是斜边 AB 上的一点，E、F 分别是 D 在 BC、AC 上的射影．求证：无论点 D 的位置如何，$S_{\triangle BED}$、$S_{\triangle ADF}$ 和 $S_{矩形ECFD}$ 中至少有一个不小于 $\dfrac{2}{9}$.

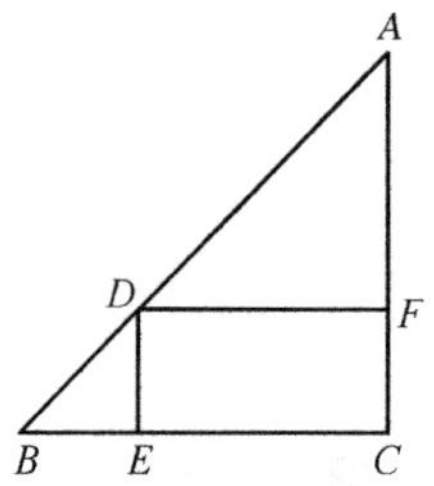

证明 设 $BE=x$，则 $DE=x$，$DF=AF=1-x$.

当 $x\leqslant\dfrac{1}{3}$ 时，$S_{\triangle ADF}=\dfrac{1}{2}(1-x)^2\geqslant\dfrac{1}{2}\left(\dfrac{2}{3}\right)^2=\dfrac{2}{9}$.

当 $\dfrac{1}{3}<x<\dfrac{2}{3}$ 时，$S_{矩形ECFD}=x(1-x)=\dfrac{1}{4}-\left(x-\dfrac{1}{2}\right)^2>\dfrac{1}{4}-\dfrac{1}{36}=\dfrac{2}{9}$.

当 $x\geqslant\dfrac{2}{3}$ 时，$S_{\triangle BED}=\dfrac{x^2}{2}\geqslant\dfrac{1}{2}\left(\dfrac{2}{3}\right)^2=\dfrac{2}{9}$.

$S_{\triangle BED}$、$S_{\triangle ADF}$ 和 $S_{矩形ECFD}$ 所对应的三条函数曲线见图 10-27.

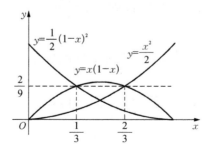

图 10-27

图 10-26

此题的结论可以扩展到内接于任意三角形的平行四边形. 事实上, 此推论确实曾作为竞赛题出现过.

例 24　如图 10-28 所示, 在 $\triangle ABC$ 中, P 为边 BC 上的任意一点, $PE /\!/ BA$, $PF /\!/ CA$, 若 $S_{\triangle ABC} = 1$, 求证: $S_{\triangle BPF}$、$S_{\triangle PCE}$ 和 $S_{\square PEAF}$ 中至少有一个不小于 $\dfrac{4}{9}$.

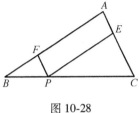

图 10-28

下面我们给出几何证法. 题目中的 $\dfrac{4}{9}$ 给了你什么提示? 回忆一下细分法, 或者联系图 10-21, 可能会受到启发.

证明　如图 10-29 所示, 连接 $\triangle ABC$ 的三边的三等分点, 将 $\triangle ABC$ 均分成 9 小块, 显然当点 P 在线段 BM 或 NC 上时, 题目中待求证的结论显然成立.

如图 10-30 所示, 当点 P 在线段 MN 上时, 需要再做一些割补工作, 将③补到①, 将②补到④, 题目中待求证的结论成立.

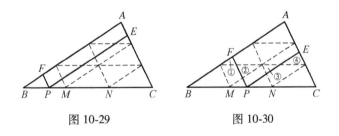

图 10-29　　　　　　　图 10-30

例 25　证明: 对于所有面积为 1 的凸四边形, 它的四条边和两条对角线的长度之和不小于 $4 + \sqrt{8}$.

证明　设 AC 与 BD 的夹角为 θ, 则

$$AC \cdot BD \geqslant AC \cdot BD \sin\theta = 2S_{\text{四边形}ABCD} = 2,$$

所以

$$(AC + BD)^2 \geqslant 4AC \cdot BD \geqslant 8, \text{ 即 } AC + BD \geqslant \sqrt{8}.$$

同理，可得

$$\frac{1}{2}AB \cdot BC + \frac{1}{2}AD \cdot DC \geq 1,$$

$$\frac{1}{2}AB \cdot AD + \frac{1}{2}BC \cdot CD \geq 1,$$

所以

$$4AB \cdot BC + 4AD \cdot DC + 4AB \cdot AD + 4BC \cdot CD \geq 16.$$

$$[(AB+CD)+(BC+AD)]^2 \geq 4(AB+CD)(BC+AD)$$

$$=4AB \cdot BC + 4AD \cdot DC + 4AB \cdot AD + 4BC \cdot CD \geq 16,$$

所以

$$AB+CD+BC+AD \geq 4,$$

$$AB+BC+CD+DA+AC+BD \geq 4+\sqrt{8}.$$

例 26 设 a、b、c 是 $\triangle ABC$ 的三边的长度，m_c 是边 AB 上的中线的长度，求证：$\dfrac{|a^2-b^2|}{2c} < m_c \leq \dfrac{a^2+b^2}{2c}$。

证明 海伦公式可以改写为

$$16S_{\triangle ABC}^2 = 2a^2b^2 + 2b^2c^2 + 2c^2a^2 - a^4 - b^4 - c^4.$$

又因为

$$m_c^2 = \frac{2a^2+2b^2-c^2}{4},$$

所以不等式 $m_c^2 \leq \left(\dfrac{a^2+b^2}{2c}\right)^2$ 与 $\left(\dfrac{a^2-b^2}{2c}\right)^2 < m_c^2$ 分别等价于 $16S_{\triangle ABC}^2 \leq 4a^2b^2$ $\left(\text{即 } S_{\triangle ABC} \leq \dfrac{1}{2}ab\right)$ 和 $16S_{\triangle ABC}^2 > 0$。

这显然成立。

例 27 古埃及人曾用公式 $\dfrac{a+c}{2} \cdot \dfrac{b+d}{2}$ 计算四边形 $ABCD$ 的面积（见图 10-31），其中 a、b、c、d 分别是 AB、BC、CD、DA 的长度，求证：用此公式计算的结果

不小于四边形的精确面积. 对于哪些四边形来说，用该公式计算的结果正确?

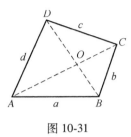

图 10-31

解
$$S_{四边形ABCD}=\frac{1}{2}(S_{\triangle ABC}+S_{\triangle ACD}+S_{\triangle BCD}+S_{\triangle ABD})$$

$$\leqslant\frac{1}{2}\left(\frac{ab}{2}+\frac{cd}{2}+\frac{bc}{2}+\frac{ad}{2}\right)=\frac{a+c}{2}\cdot\frac{b+d}{2}.$$

这说明用公式$\frac{a+c}{2}\cdot\frac{b+d}{2}$计算的结果不小于四边形的精确面积；当四边形是矩形时，等号成立.

四边形的不稳定性决定了已知四边形四边的长度时，无法确定四边形的面积. 此时需要添加条件，譬如对角线的夹角.

例 28　如图 10-31 所示，已知四边形 $ABCD$ 四边的长度和两条对角线的夹角 θ，求该四边形的面积.

解　设 AC 交 BD 于点 O，AC 和 BD 的夹角为 θ，则

$$AB^2=AO^2+BO^2-2AO\cdot BO\cos\theta,$$

$$CD^2=CO^2+DO^2-2CO\cdot DO\cos\theta,$$

$$BC^2=BO^2+CO^2+2BO\cdot CO\cos\theta,$$

$$DA^2=DO^2+AO^2+2DO\cdot AO\cos\theta,$$

则

$$(BC^2+DA^2)-(AB^2+CD^2)$$

$$=2\cos\theta(BO\cdot CO+DO\cdot AO+AO\cdot BO+CO\cdot DO)$$

$$=2AC\cdot BD\cos\theta,$$

所以

$$\cos\theta=\frac{BC^2+DA^2-AB^2-CD^2}{2AC\cdot BD},$$

$$S_{四边形ABCD}=\frac{1}{2}AC\cdot BD\sin\theta=\frac{1}{4}\left(BC^2+DA^2-AB^2-CD^2\right)\tan\theta.$$

注意，$\cos\theta=\dfrac{BC^2+DA^2-AB^2-CD^2}{2AC\cdot BD}$ 一般称为余弦定理的四边形推广. 如果点 A、

B、C、D 是空间中的任意四点，AC 和 BD 异面，则用向量法证明该式较简单：

$$\overrightarrow{AC}\cdot\overrightarrow{BD}=\overrightarrow{AB}\cdot\overrightarrow{BD}+\overrightarrow{BC}\cdot\overrightarrow{BD}$$

$$=-\frac{AB^2+BD^2-DA^2}{2}+\frac{BC^2+BD^2-CD^2}{2}$$

$$=\frac{1}{2}\left(BC^2+DA^2-AB^2-CD^2\right).$$

例 29 如果 O 是面积为 S 的四边形 $ABCD$ 内的一点，且 $2S=OA^2+OB^2+OC^2+OD^2$，求证：四边形 $ABCD$ 是正方形，且点 O 是它的中心.

证明　$OA^2+OB^2+OC^2+OD^2$

$$=\frac{1}{2}(OA^2+OB^2)+\frac{1}{2}(OB^2+OC^2)+\frac{1}{2}(OC^2+OD^2)+\frac{1}{2}(OD^2+OA^2)$$

$$\geqslant OA\cdot OB+OB\cdot OC+OC\cdot OD+OD\cdot OA$$

$$\geqslant 2S_{\triangle OAB}+2S_{\triangle OBC}+2S_{\triangle OCD}+2S_{\triangle ODA}=2S.$$

当且仅当 $OA=OB=OC=OD$ 且 $\angle AOB=\angle BOC=\angle COD=\angle DOA=\dfrac{\pi}{2}$ 时，等号成立，此时，四边形 $ABCD$ 是正方形，且点 O 是它的中心.

第11章 ▶▶▶
面积法与三角恒等式

三角形面积公式 $S=\dfrac{1}{2}ab\sin C$ 除了把几何中的基本要素角度、长度和面积联系起来，还联系了三角函数. 本章探讨用面积法证明一些三角恒等式.

例1 证明余弦定理.

勾股定理只是对于直角三角形成立，很有必要将其推广到一般三角形的情形，这样在使用的时候才方便. 在第1章中已经介绍了用面积法证明余弦定理，下面再介绍两种面积证法.

证明勾股定理主要用到平移变换，而证明余弦定理则可能需要用到旋转变换.

证法1 如图 11-1 所示，将 $\triangle ABC$ 绕点 B 旋转一个较小的角度 α，得到 $\triangle DBE$，则 $\triangle ABC \cong \triangle DBE$.

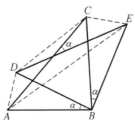

图 11-1

由面积关系得

$$S_{\text{四边形}AECD} = S_{\triangle ABD} + S_{\triangle DBC} + S_{\triangle CBE} - S_{\triangle ABE},$$

即

$$\frac{1}{2}AC \cdot DE\sin\alpha$$

$$= \frac{1}{2}AB \cdot DB\sin\alpha + \frac{1}{2}DB \cdot CB\sin(B-\alpha) + \frac{1}{2}CB \cdot EB\sin\alpha - \frac{1}{2}AB \cdot EB\sin(B+\alpha),$$

即

$$\frac{1}{2}b^2\sin\alpha = \frac{1}{2}c^2\sin\alpha + \frac{1}{2}ac(\sin B\cos\alpha - \cos B\sin\alpha) + \frac{1}{2}a^2\sin\alpha$$

$$-\frac{1}{2}ac(\sin B\cos\alpha + \cos B\sin\alpha),$$

化简，得

$$b^2 = c^2 - 2ac\cos B + a^2.$$

证法 2 如图 11-2 所示，四边形 $ACHF$、$HIDG$、$ABDE$ 都是正方形，四边形 $BIHC$、$FHGE$ 都是平行四边形，注意到 $S_{\square BIHC} = S_{\square FHGE} = ab\sin(270°-C) = -ab\cos C$，$\triangle ABC \cong \triangle EDG \cong \triangle AEF \cong \triangle BDI$。

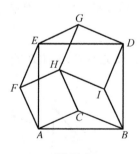

图 11-2

一方面

$$S_{\text{六边形}ABDGEF} = S_{\text{正方形}ABDE} + S_{\triangle EDG} + S_{\triangle AEF} = c^2 + 2S_{\triangle ABC},$$

另一方面

$$S_{六边形ABDGEF} = S_{正方形HIDG} + S_{正方形ACHF} + S_{▱BIHC} + S_{▱FHGE} + S_{\triangle ABC} + S_{\triangle BDI}$$

$$= a^2 + b^2 - 2ab\cos C + 2S_{\triangle ABC},$$

所以

$$c^2 = a^2 + b^2 - 2ab\cos C.$$

《从数学教育到教育数学》（张景中、曹培生著）还介绍了几种用面积法证明余弦定理的证法，有兴趣的读者可以查阅该书.

例 2　证明：$\sin(\alpha+\beta) = \sin\alpha\cos\beta + \cos\alpha\sin\beta$.

证法 1　如图 11-3 所示，构造含有角度 α、β 的四边形 $ABCD$，其中 $AB /\!/ CD$，$DA \perp AB$.

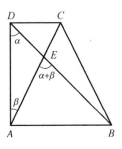

图 11-3

$$S_{四边形ABCD} = \frac{1}{2}AC \cdot BD \cdot \sin(\alpha+\beta),$$

$$S_{\triangle ABC} = \frac{1}{2}AD \cdot AB = \frac{1}{2}AC \cdot \cos\beta \cdot BD \cdot \sin\alpha,$$

$$S_{\triangle ADC} = \frac{1}{2}AD \cdot DC = \frac{1}{2}BD \cdot \cos\alpha \cdot AC \cdot \sin\beta.$$

由

$$S_{四边形ABCD} = S_{\triangle ABC} + S_{\triangle ADC},$$

得

$$\sin(\alpha+\beta) = \sin\alpha\cos\beta + \cos\alpha\sin\beta.$$

证法 2　如图 11-4 所示，构造含有角度 α、β 的 $\triangle ABC$，其中 $AD \perp BC$. 由

$$S_{\triangle ABC}=S_{\triangle ABD}+S_{\triangle ACD},$$

得

$$\frac{1}{2}\cdot AB\cdot AC\cdot\sin(\alpha+\beta)=\frac{1}{2}\cdot AB\cdot AD\cdot\sin\alpha+\frac{1}{2}\cdot AC\cdot AD\cdot\sin\beta$$

$$=\frac{1}{2}\cdot AB\cdot(AC\cdot\cos\beta)\cdot\sin\alpha+$$

$$\frac{1}{2}\cdot AC\cdot(AB\cdot\cos\alpha)\cdot\sin\beta.$$

化简，得

$$\sin(\alpha+\beta)=\sin\alpha\cos\beta+\cos\alpha\sin\beta.$$

类似地，构造图 11-5，可以证明 $\sin(\alpha-\beta)=\sin\alpha\cos\beta-\cos\alpha\sin\beta$.

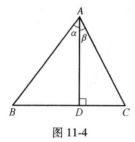
图 11-4

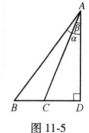
图 11-5

例 3 证明：$\sin\alpha+\sin\beta=2\sin\dfrac{\alpha+\beta}{2}\cos\dfrac{\alpha-\beta}{2}$.

证明 如图 11-6 所示，构造含有角度 α、β 的 $\triangle ABC$，其中 $AB=AC$，AD 为

高，则 $BD=AB\cdot\sin\dfrac{\alpha+\beta}{2}$，$AD=AE\cdot\cos\dfrac{\alpha-\beta}{2}$.

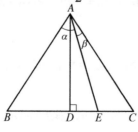
图 11-6

由

$$S_{\triangle ABE}+S_{\triangle CAE}=2S_{\triangle ABD},$$

得

$$\frac{1}{2}AB \cdot AE \cdot \sin\alpha+\frac{1}{2}AC \cdot AE \cdot \sin\beta=2\times\frac{1}{2} \cdot BD \cdot AD,$$

即

$$\sin\alpha+\sin\beta=2\sin\frac{\alpha+\beta}{2}\cos\frac{\alpha-\beta}{2}.$$

例 4　证明：在 $\triangle ABC$ 中，$\tan A+\tan B+\tan C=\tan A\tan B\tan C$.

证明　如图 11-7 所示，H 是 $\triangle ABC$ 的垂心，由 $\angle ABC$ 与 $\angle AHC$ 互补得 $\dfrac{AC}{\sin\angle ABC}=\dfrac{AC}{\sin\angle AHC}$. 结合正弦定理 $\dfrac{a}{\sin A}=\dfrac{b}{\sin B}=\dfrac{c}{\sin C}=2R$，可知 $\triangle ABC$ 和 $\triangle ACH$ 的外接圆是等圆. 同理，可知 $\triangle ABC$、$\triangle ABH$、$\triangle BCH$ 和 $\triangle ACH$ 的外接圆皆是等圆，半径均记为 R. 由

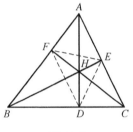

图 11-7

$$S_{\triangle ABC}=\frac{1}{2}ab\sin C=\frac{abc}{4R},$$

$$S_{\triangle ABH}+S_{\triangle BCH}+S_{\triangle CAH}=S_{\triangle ABC},$$

得

$$\frac{AB \cdot BH \cdot HA}{4R}+\frac{BC \cdot CH \cdot HB}{4R}+\frac{CA \cdot AH \cdot HC}{4R}=\frac{AB \cdot BC \cdot CA}{4R},$$

$$\frac{AB}{CH}+\frac{BC}{AH}+\frac{CA}{BH}=\frac{AB}{CH} \cdot \frac{BC}{AH} \cdot \frac{CA}{BH}.$$

由 $\triangle ABD \backsim \triangle CHD$ 得 $\dfrac{AB}{CH}=\dfrac{AD}{CD}=\tan C$.

同理，可得

$$\frac{BC}{AH}=\tan A, \quad \frac{CA}{BH}=\tan B.$$

因此

$$\tan A+\tan B+\tan C=\tan A\tan B\tan C.$$

例5 证明：在$\triangle ABC$中，$\cos^2 A+\cos^2 B+\cos^2 C+2\cos A\cos B\cos C=1$.

证明 如图 11-7 所示，H 为$\triangle ABC$ 的垂心，由$\triangle AEF\backsim\triangle ABC$ 得

$$S_{\triangle AEF}=S_{\triangle ABC}\cos^2 A.$$

同理，可得

$$S_{\triangle BDF}=S_{\triangle ABC}\,\cos^2 B,$$

$$S_{\triangle CDE}=S_{\triangle ABC}\,\cos^2 C.$$

$$S_{\triangle DEF}=\frac{1}{2}DE\cdot DF\cdot\sin\angle EDF$$

$$=\frac{1}{2}(AB\cos C)\cdot(AC\cos B)\cdot\sin(180°-2\angle BAC)$$

$$=\frac{1}{2}AB\cdot AC\cos B\cos C\sin(2\angle ABC)$$

$$=2S_{\triangle ABC}\cos A\cos B\cos C.$$

由

$$S_{\triangle AEF}+S_{\triangle BDF}+S_{\triangle CDE}+S_{\triangle DEF}=S_{\triangle ABC},$$

得

$$\cos^2 A+\cos^2 B+\cos^2 C+2\cos A\cos B\cos C=1.$$

例6 如图 11-8 所示，在$\triangle ABC$ 中，已知$\angle A=90°$，M、N 是 BC 的三等分点，设$\angle BAM=\alpha$，$\angle MAN=\beta$，$\angle NAC=\gamma$，求证：$\sin\beta=3\sin\alpha\sin\gamma$.

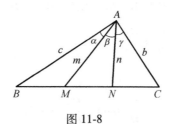

图 11-8

证明　设 $AB=c$，$AC=b$，$AM=m$，$AN=n$，则

$$S_{\triangle BAM}=S_{\triangle MAN}=S_{\triangle NAC}=S，$$

即

$$S=\frac{1}{2}cm\sin\alpha=\frac{1}{2}mn\sin\beta=\frac{1}{2}bn\sin\gamma，$$

所以

$$\sin\alpha=\frac{2S}{cm}，\quad \sin\beta=\frac{2S}{mn}，\quad \sin\gamma=\frac{2S}{bn}.$$

由 $\angle BAC=90°$ 得

$$S_{\triangle ABC}=3S=\frac{1}{2}bc，\quad bc=6S.$$

所以

$$3\sin\alpha\sin\gamma=3\cdot\frac{2S}{cm}\cdot\frac{2S}{bn}=\frac{2S}{mn}\cdot\frac{6S}{bc}=\frac{2S}{mn}=\sin\beta.$$

对于本题，只要想到借助面积关系来列等式，求解就简单了．

第**12**章 ▶▶▶
海伦−秦九韶公式

已知 $\triangle ABC$ 的三条边 a、b 和 c，如何求它的面积？

根据面积公式 $S_{\triangle ABC} = \dfrac{1}{2}ab\sin C$，可得 $\sin C = \dfrac{2S_{\triangle ABC}}{ab}$.

根据余弦定理，可得 $\cos C = \dfrac{a^2+b^2-c^2}{2ab}$.

由 $\sin^2 C + \cos^2 C = 1$ 得

$$\left(\frac{2S_{\triangle ABC}}{ab}\right)^2 + \left(\frac{a^2+b^2-c^2}{2ab}\right)^2 = 1.$$

解得

$$S_{\triangle ABC} = \frac{1}{4}\sqrt{4a^2b^2-(a^2+b^2-c^2)^2}.$$

这就是我国宋代数学家秦九韶给出的**三斜求积公式**.

如果记 $\triangle ABC$ 的周长的一半为 p，即 $p = \dfrac{1}{2}(a+b+c)$，则上式可以变形为更容易记忆的对称形式.

因为

$$4a^2b^2-(a^2+b^2-c^2)^2$$
$$=(2ab+a^2+b^2-c^2)(2ab-a^2-b^2+c^2)$$

$$= \left[(a+b)^2 - c^2 \right] \left[(c^2 - (a-b)^2 \right]$$

$$= (a+b+c)(a+b-c)(a-b+c)(-a+b+c)$$

$$= 16p(p-a)(p-b)(p-c),$$

所以

$$S_{\triangle ABC} = \sqrt{p(p-a)(p-b)(p-c)} .$$

该公式称为**海伦公式**.

由于秦九韶公式的出现晚于海伦公式，所以有人猜测秦九韶公式是不是由海伦公式变形而来的呢？这种可能性几乎为零．撇开古代数学交流不方便不说，从海伦公式推导出秦九韶公式是很困难的，读者可以自己尝试；而从秦九韶公式推导海伦公式则很方便．

以下介绍海伦公式的两种其他证法和海伦–秦九韶公式的应用．

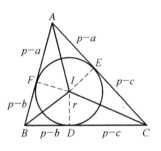

图 12-1

海伦公式的证法 1 如图 12-1 所示，I 为 $\triangle ABC$ 的内心，三角恒等式

$$\tan \frac{A}{2} \tan \frac{B}{2} + \tan \frac{B}{2} \tan \frac{C}{2} + \tan \frac{C}{2} \tan \frac{A}{2} = 1$$

可转化为

$$\frac{r}{p-a} \cdot \frac{r}{p-b} + \frac{r}{p-b} \cdot \frac{r}{p-c} + \frac{r}{p-c} \cdot \frac{r}{p-a} = 1,$$

即

$$r^2 p = (p-a)(p-b)(p-c).$$

所以，

$$S_{\triangle ABC} = rp = \sqrt{\frac{(p-a)(p-b)(p-c)}{p}} \cdot p = \sqrt{p(p-a)(p-b)(p-c)} .$$

这也说明了在 $\triangle ABC$ 中，$\tan \dfrac{A}{2} \tan \dfrac{B}{2} + \tan \dfrac{B}{2} \tan \dfrac{C}{2} + \tan \dfrac{C}{2} \tan \dfrac{A}{2} = 1$ 与 $S =$

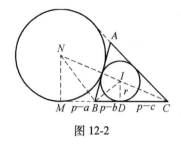

图 12-2

$\sqrt{p(p-a)(p-b)(p-c)}$ 等价，只不过前者相对容易得到，我们一般不用后者推导前者．

海伦公式的证法 2 如图 12-2 所示，I 为 $\triangle ABC$ 的内心，延长 CB 至点 M，使得 $MB=p-a$，作 $\angle ABM$ 的平分线，与 CI 的延长线交于点 N．通常将点 N 称为 $\triangle ABC$ 的一个旁心．

由 $ID//MN$ 及 $\triangle IBD \backsim BNM$ 得

$$\frac{r}{MN}=\frac{p-c}{p}, \quad \frac{r}{p-a}=\frac{p-b}{MN},$$

所以

$$r^2=\frac{(p-a)(p-b)(p-c)}{p},$$

$$S_{\triangle ABC}=rp=\sqrt{\frac{(p-a)(p-b)(p-c)}{p}} \cdot p=\sqrt{p(p-a)(p-b)(p-c)}.$$

例1 设圆内接四边形 $ABCD$ 的四条边分别为 a、b、c、d，其半周长为 s，求证：$S_{四边形ABCD}=\sqrt{(s-a)(s-b)(s-c)(s-d)}$．

证明 由余弦定理得

$$b^2+c^2-2bc\cos C=a^2+d^2+2ad\cos C,$$

因此

$$\cos C=\frac{b^2+c^2-a^2-d^2}{2(ad+bc)},$$

$$\sin^2 C=1-\cos^2 C=\frac{[(b+c)^2-(a-d)^2][(a+d)^2-(b-c)^2]}{[2(ad+bc)]^2},$$

$$S_{四边形ABCD}=\frac{1}{2}(ad+bc)\sin C$$

$$=\sqrt{\frac{(a+b+c-d)(b+c+d-a)(c+d+a-b)(d+a+b-c)}{16}}$$

$$=\sqrt{(s-a)(s-b)(s-c)(s-d)}.$$

例 2　如图 12-3 所示，以 $\triangle ABC$ 的三条边为边向外作三个正方形，已知这三个正方形的面积分别为 18、26、20，求 $S_{六边形EHIFGD}$.

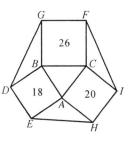

图 12-3

首先要看出 $S_{\triangle ABC} = S_{\triangle BGD} = S_{\triangle CIF} = S_{\triangle AEH}$，而这可由 $S_{\triangle ABC} = \dfrac{1}{2} ab\sin C$ 求得. 此时六边形 $EHIFGD$ 被分割成七部分，每部分的面积都可求出，先求 $S_{\triangle ABC}$. $AB = \sqrt{18}$，$BC = \sqrt{26}$，$CA = \sqrt{20}$. 已知三边求三角形面积时，很多人立马想到用海伦公式，结果会遇到计算上的麻烦. 若用秦九韶公式，就比较简单了：

$$S_{\triangle ABC} = \frac{1}{4}\sqrt{4a^2b^2 - (a^2+b^2-c^2)^2}$$

$$= \frac{1}{4}\sqrt{4 \times 26 \times 20 - (26+20-18)^2} = 9.$$

所以

$$S_{六边形EHIFGD} = 18 + 26 + 20 + 4S_{\triangle ABC} = 100.$$

此题存在巧妙的解法：构造图 12-4，其中四边形 $A'B'C'D$ 为矩形，$\triangle D'E'F \cong \triangle CBA$.

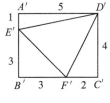

图 12-4

因为

$$S_{\triangle D'E'F} = S_{矩形A'B'C'D} - S_{\triangle A'E'D} - S_{\triangle B'E'F} - S_{\triangle C'D'F} = 9,$$

所以

$$S_{六边形EHIFGD} = 18 + 26 + 20 + 4S_{\triangle ABC} = 100.$$

这种构造很巧妙，但不如秦九韶公式简单、直接.

例 3　求证：对于任意三角形有 $h_a \leqslant \sqrt{p(p-a)}$，其中 h_a 是长度为 a 的边所对的高，p 是半周长.

证明　由海伦公式得

$$\sqrt{p(p-a)(p-b)(p-c)} = S_{\triangle ABC} = \frac{1}{2}ah_a,$$

因此只需证

$$\sqrt{(p-b)(p-c)} \leqslant \frac{1}{2}a,$$

而

$$a^2 \geqslant a^2-(b-c)^2=(a-b+c)(a+b-c).$$

上式显然成立，所以命题得证.

例 4 求证：三角形三边上的正方形面积之和不小于该三角形面积的 $4\sqrt{3}$ 倍，即 $a^2+b^2+c^2 \geqslant 4\sqrt{3}S_{\triangle ABC}$.

证明 该命题等价于 $(a^2+b^2+c^2)^2 \geqslant 48S_{\triangle ABC}^2$.

由海伦公式得

$$S_{\triangle ABC}^2=p(p-a)(p-b)(p-c)=\frac{a+b+c}{2} \cdot \frac{b+c-a}{2} \cdot \frac{a+c-b}{2} \cdot \frac{a+b-c}{2},$$

$$16S_{\triangle ABC}^2=(a+b+c)(b+c-a)(a+c-b)(a+b-c)$$
$$=-a^4-b^4-c^4+2a^2b^2+2b^2c^2+2c^2a^2.$$

由

$$a^4+b^4 \geqslant 2a^2b^2, \ b^4+c^4 \geqslant 2b^2c^2, \ c^4+a^4 \geqslant 2c^2a^2,$$

得

$$4(a^4+b^4+c^4) \geqslant 4(a^2b^2+b^2c^2+c^2a^2),$$

即

$$a^4+b^4+c^4+2a^2b^2+2b^2c^2+2c^2a^2 \geqslant 3(-a^4-b^4-c^4+2a^2b^2+2b^2c^2+2c^2a^2),$$

所以

$$(a^2+b^2+c^2)^2 \geqslant 48S_{\triangle ABC}^2, a^2+b^2+c^2 \geqslant 4\sqrt{3}S_{\triangle ABC}.$$

例 5 设 a、b、c 是任意三角形的三条边的长度，求证：$(a+b-c)(a-b+c)(-a+b+c) \leqslant abc$.

证明 因为

$$\sqrt{(a+b-c)(a-b+c)} \leqslant \frac{(a+b-c)+(a-b+c)}{2}=a,$$

$$\sqrt{(a+b-c)(-a+b+c)} \leqslant \frac{(a+b-c)+(-a+b+c)}{2}=b,$$

$$\sqrt{(a-b+c)(-a+b+c)} \leqslant \frac{(a-b+c)+(-a+b+c)}{2} = c,$$

所以

$$(a+b-c)(a-b+c)(-a+b+c) \leqslant abc.$$

所需证明的不等式的左边很容易让人想起海伦公式，而不等式的右边则可以

联系面积公式 $S = \dfrac{abc}{4R}$.

设三角形的半周长为 p，外接圆的半径为 R，内切圆的半径为 r. 根据海伦公式，可将原不等式转化成

$$(a+b-c)(a-b+c)(-a+b+c) = \frac{8S^2}{p} \leqslant 4SR,$$

即需要证明

$$S \leqslant \frac{1}{2} pR, \quad pr \leqslant \frac{1}{2} pR, \quad R \geqslant 2r.$$

此时，原不等式转化成另一个命题：设 $\triangle ABC$ 的外接圆的半径为 R，内切圆的半径为 r，则 $R \geqslant 2r$.

到此，我们不但证明了原不等式，也证明了三角形的外接圆半径和内切圆半径之间的关系.

例 6　已知 m、n、p 分别是 $\triangle ABC$ 的三条边上的中线的长度，求证：$S_{\triangle ABC} = \dfrac{1}{3}\sqrt{(m+n+p)(m+n-p)(m+p-n)(n+p-m)}$，且以三角形的三条中线为边围成的三角形的面积是原三角形面积的 $\dfrac{3}{4}$.

证明　如图 12-5 所示，设 $\triangle ABC$ 的三条中线 AD、BE、CF 交于点 G，取 AG 的中点 H，连接 FH.

由三角形重心的性质得

$$FH = \frac{1}{3} BE, FG = \frac{1}{3} FC, HG = \frac{1}{3} AD.$$

由海伦公式得

$$S_{\triangle HFG}=\sqrt{\frac{(m+n+p)}{2\times3}\cdot\frac{(m+n-p)}{2\times3}\cdot\frac{(m+p-n)}{2\times3}\cdot\frac{(n+p-m)}{2\times3}}$$

$$=\frac{\sqrt{(m+n+p)(m+n-p)(m+p-n)(n+p-m)}}{36}.$$

因为

$$S_{\triangle HFG}=\frac{1}{2}S_{\triangle AFG}=\frac{1}{12}S_{\triangle ABC},$$

所以

$$S_{\triangle ABC}=\frac{1}{3}\sqrt{(m+n+p)(m+n-p)(m+p-n)(n+p-m)}.$$

设 $l=\dfrac{m+n+p}{2}$，则

$$S_{\triangle ABC}=\frac{1}{3}\sqrt{2l(2l-2p)(2l-2n)(2l-2m)}=\frac{4}{3}\sqrt{l(l-p)(l-n)(l-m)}.$$

这说明以三角形的三条中线为边围成的三角形的面积是原三角形面积的 $\dfrac{3}{4}$.

图 12-5 可以看作先取三条中线的三分之一构成 $\triangle GFH$，再扩展出 $\triangle ABC$. 也可以另外构图. 如图 12-6 所示，先取三条中线的三分之二构成 $\triangle GIC$，再扩展出 $\triangle ABC$.

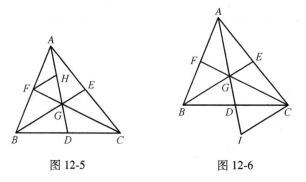

图 12-5 　　　　　　　　　　图 12-6

以上解法并未直接作出"中线三角形"，而是作出了它的相似图形.

吴文俊院士提倡构造性数学，原因之一就是构造法更加令人信服．有些人缺乏安全感．你仅仅告诉他存在这样的一个东西，他是不大相信的．倘若你拿这个东西给他看，马上就能打消他的疑虑．有时仅仅知道存在性是不够的，譬如松下问童子，他师父去哪了？童子回答，师父采药去了，只在此山中，云深不知处．这样的回答很可能会让访客失望．相反，当有人拿着素数表说"估计素数就这么多了吧"的时候，你可以马上构造一个新的素数给他看，由不得他不信．

因此，在本题中只有直接作出"中线三角形"才算彻底．

首先考虑三条中线 AD、BE、CF 能否构成一个三角形？这是肯定的，用向量法可以证明．

$$\overrightarrow{AD}+\overrightarrow{BE}+\overrightarrow{CF}=\frac{1}{2}(\overrightarrow{AB}+\overrightarrow{AC})+\frac{1}{2}(\overrightarrow{BA}+\overrightarrow{BC})+\frac{1}{2}(\overrightarrow{CB}+\overrightarrow{CA})=\vec{0}.$$

其次考虑如何作出"中线三角形"，如图 12-7 所示，作 $\square EBDJ$，则 $\triangle ADJ$ 就是"中线三角形"，易证四边形 $EDCJ$、$AFCJ$ 都是平行四边形，故 $DJ=BE$，$AJ=CF$．

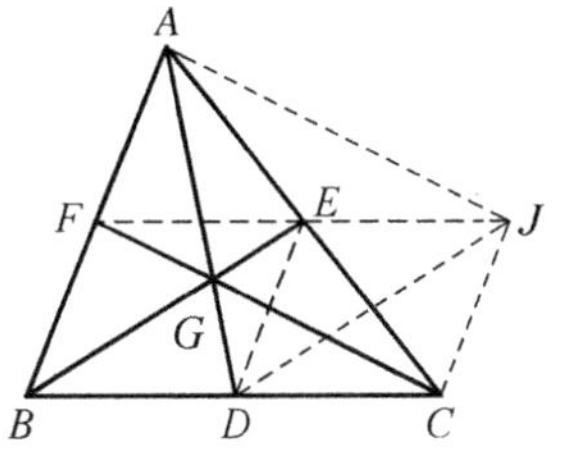

下面证明 $S_{\triangle ADJ}=\dfrac{3}{4}S_{\triangle ABC}$．

图 12-7

证明　由 $AB/\!/DE$ 得

$$S_{\triangle AED}=S_{\triangle BED},$$

即

$$\frac{1}{3}S_{\triangle ADJ}=\frac{1}{4}S_{\triangle ABC},$$

所以

$$S_{\triangle ADJ}=\frac{3}{4}S_{\triangle ABC}.$$

第**13**章 ▸▸▸
托勒密定理

托 **勒密定理** 设 $ABCD$ 是圆内接四边形，则 $AB \cdot CD + AD \cdot BC = AC \cdot BD$.

托勒密定理的证明是比较巧妙的。很多文章对该证明进行了探究，通常的做法是将一条对角线分成两部分，构造两个相似三角形来证明.

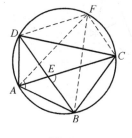

图 13-1

托勒密定理的证法 1 如图 13-1 所示，过点 D 作 AC 的平行弦 DF，由平行弦所夹的弧相等、圆周角定理以及等弧对等弦可得

$$AD = CF, \quad CD = AF,$$

$$\angle BEC = \angle CAB + \angle ABD = \angle CAB + \angle ACD$$

$$= \angle CAB + \angle CAF = \angle BAF,$$

于是

$$AC \cdot BD \cdot \sin \angle BEC = 2(S_{\triangle ABC} + S_{\triangle ACD}) = 2(S_{\triangle ABC} + S_{\triangle ACF})$$

$$= 2(S_{\triangle BAF} + S_{\triangle BCF})$$

$$= AB \cdot AF \cdot \sin \angle BAF + BC \cdot CF \cdot \sin \angle BCF$$

$$= (AB \cdot CD + BC \cdot AD) \cdot \sin \angle BAF.$$

两端约去 $\sin \angle BEC$ 和 $\sin \angle BAF$，即可得到结论.

以下介绍托勒密定理的其他证法和应用.

三角恒等式 1　若 $\alpha+\beta+\gamma+\delta=180°$，则 $\sin(\alpha+\beta)\cdot\sin(\beta+\gamma)=\sin\alpha\cdot\sin\delta+\sin\beta\cdot\sin\gamma$.

证明　构造图 13-2，在 BC 上取一点 P，由面积关系得

$$\frac{1}{2}AB\cdot AC\sin(\alpha+\beta)=\frac{1}{2}AB\cdot AP\sin\alpha+\frac{1}{2}AP\cdot AC\sin\beta.$$

两边同除以 $\frac{1}{2}AB\cdot AC\cdot AP$，得

$$\frac{\sin(\alpha+\beta)}{AP}=\frac{\sin\alpha}{AC}+\frac{\sin\beta}{AB}.$$

此公式称为**张角公式**.

利用正弦定理，得

$$\frac{AP}{AC}=\frac{\sin\delta}{\sin t},\ \frac{AP}{AB}=\frac{\sin\gamma}{\sin t},$$

$$\sin(\alpha+\beta)=\sin\alpha\cdot\frac{\sin\delta}{\sin t}+\sin\beta\cdot\frac{\sin\gamma}{\sin t},$$

将 $t=\delta+\beta$ 代入，命题得证.

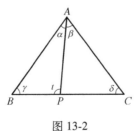

图 13-2

利用这个三角恒等式，可得托勒密定理的另外一种证明方法.

托勒密定理的证法 2　构造图 13-3，过点 A 作圆的切线，将

$$AB=2R\sin\alpha,\ BC=2R\sin\beta,\ CD=2R\sin\gamma,$$

$$AD=2R\sin\delta, AC=2R\sin(\alpha+\beta), BD=2R\sin(\beta+\gamma),$$

代入恒等式

$$\sin(\alpha+\beta)\cdot\sin(\beta+\gamma)=\sin\alpha\cdot\sin\gamma+\sin\beta\cdot\sin\delta,$$

即得托勒密定理.

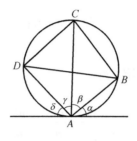

图 13-3

如果把直线看作半径无穷大的圆，则直线和圆之间存在对应关系，譬如欧拉定理可看作托勒密定理的特例.

欧拉定理 设 A、B、C、D 依次为直线上的四个点，那么

$$\overrightarrow{AB}\cdot\overrightarrow{CD}+\overrightarrow{AC}\cdot\overrightarrow{DB}+\overrightarrow{AD}\cdot\overrightarrow{BC}=0.$$

欧拉定理的证明比较简单，在一条数轴上任作四个点 A、B、C、D，则

$$(x_B-x_A)(x_D-x_C)+(x_C-x_A)(x_B-x_D)+(x_D-x_A)(x_C-x_B)=0,$$

$$\overrightarrow{AB}\cdot\overrightarrow{CD}+\overrightarrow{AC}\cdot\overrightarrow{DB}+\overrightarrow{AD}\cdot\overrightarrow{BC}=0.$$

线段的性质可推广到面积. 如图 13-4 所示，在直线 AB 外任作一点 E，根据欧拉定理以及等底等高的三角形面积相等，可得 $S_{\triangle EAB}S_{\triangle ECD}+S_{\triangle EAD}S_{\triangle EBC}=S_{\triangle EAC}S_{\triangle EBD}$.

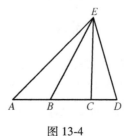

图 13-4

上述式子可用以下方法证明.

$$S_{\triangle EAB}S_{\triangle ECD}+S_{\triangle EAD}S_{\triangle EBC}=S_{\triangle EAC}S_{\triangle EBD},$$

即

$$\frac{1}{2}EA \cdot EB \cdot EC \cdot ED(\sin\angle AEB \cdot \sin\angle CED+\sin\angle AED \cdot \sin\angle BEC)$$

$$=\frac{1}{2}EA \cdot EB \cdot EC \cdot ED(\sin\angle AEC \cdot \sin\angle BED),$$

即

$$\sin\angle AEB \cdot \sin\angle CED+\sin\angle AED \cdot \sin\angle BEC=\sin\angle AEC \cdot \sin\angle BED.$$

此即三角恒等式 1.

由于数形结合存在局限，此式中的角度看起来都小于 180°，实际上没有此限制，可用三角函数公式进行化简和证明.

改写一下字母，证明一个更一般的形式.

三角恒等式 2　$\sin A\sin C+\sin(A+B+C)\sin B=\sin(A+B)\sin(B+C)$.

证明　$\sin A\sin C+\sin(A+B+C)\sin B$

$$=-\frac{1}{2}\big[\cos(A+C)-\cos(A-C)\big]-\frac{1}{2}\big[\cos(A+2B+C)-\cos(A+C)\big]$$

$$=\frac{1}{2}\big[\cos(A-C)-\cos(A+2B+C)\big]$$

$$=-\sin\frac{(A-C)+(A+2B+C)}{2} \cdot \sin\frac{(A-C)-(A+2B+C)}{2}$$

$$=\sin(A+B)\sin(B+C).$$

当 $B+C=\dfrac{\pi}{2}$ 时，该恒等式变为

$$\sin A\cos B+\cos A\sin B=\sin(A+B).$$

此为两角和的正弦公式.

三角恒等式 1 和三角恒等式 2 在本质上是一致的。以上转化先从线段到面积，再从面积到角度，充分说明了角度、线段和面积之间的紧密联系.

例 1 如图 13-5 所示，平行四边形 $ABCD$ 被分成四部分，它们的面积分别记为 S_1、S_2、S_3、S_4，求证：已知其中任意三个，就能求出第四个．

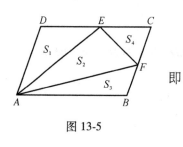

图 13-5

证明 设平行四边形 $ABCD$ 的面积为 S，则

$$S_1 S_3 + S_{\triangle DAB} S_2 = S_{\triangle DAF} \cdot S_{\triangle EBA},$$

即

$$S_1 S_3 + \frac{S}{2} S_2 = \frac{S}{2} \cdot \frac{S}{2},$$

则

$$S = S_2 + \sqrt{S_2{}^2 + 4 S_1 S_3},$$

$$S_4 = \sqrt{S_2{}^2 + 4 S_1 S_3} - S_1 - S_3,$$

$$(S_1 + S_3 + S_4)^2 = S_2{}^2 + 4 S_1 S_3.$$

显然已知其中任意三个时，可以求出第四个．

例 2 如图 13-6 所示，点 D 在等边三角形 ABC 的外接圆上，求证：$DB = DA + DC$，若作出 AC 与 BD 的交点 E，当点 D 在 $\overset{\frown}{AC}$ 上运动时，DA、DC 与 DE 这三条线段之间有何关系？

先证明 $DB = DA + DC$．

证明 由托勒密定理得

$$DB \cdot AC = DA \cdot BC + DC \cdot AB,$$

化简，得

$$DB = DA + DC.$$

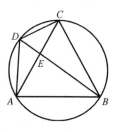

图 13-6

再考虑 DA、DC 与 DE 的关系，显然 DA、DC 的位置对等，而三个正数中最小的那个数的倒数肯定是最大的，因此我们猜测 $\dfrac{1}{DA} + \dfrac{1}{DC} = \dfrac{1}{DE}$．

证法 1 由

$$\angle DAE = \angle DBC, \quad \angle DEA = \angle DCB,$$

得

$$\triangle DAE \backsim \triangle DBC,$$

于是

$$\frac{DA}{DB}=\frac{DE}{DC},\ 即\ DA\cdot DC=DE\cdot DB.$$

因此

$$\frac{DB}{DE\cdot DB}=\frac{DA}{DA\cdot DC}+\frac{DC}{DA\cdot DC},$$

即

$$\frac{1}{DA}+\frac{1}{DC}=\frac{1}{DE}.$$

证法 2　由

$$S_{\triangle DAC}=S_{\triangle DAE}+S_{\triangle DEC},$$

得

$$\frac{1}{2}DA\cdot DC\cdot\sin120°=\frac{1}{2}DA\cdot DE\cdot\sin60°+\frac{1}{2}DE\cdot DC\cdot\sin60°,$$

化简，得

$$\frac{1}{DA}+\frac{1}{DC}=\frac{1}{DE}.$$

证法 1 明显受到了前面证明 $DB=DA+DC$ 的影响，走了点儿弯路。证法 2 用面积法显得更直接、更简洁，更确切地说是用到了张角公式，而使用此公式的前提就是 A、C、E 三点共线。之所以能够化简，则是因为两角互补，正弦值相等.

例 3　如图 13-7 所示，在四边形 $ABCD$ 中，求证：$BD\cdot AC\leqslant AD\cdot BC+CD\cdot AB$.

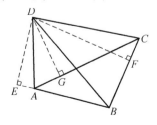

图 13-7

证明 过点 D 作 AB、BC、CA 三边的垂线，垂足分别是 E、F、G. 设 $\triangle ABC$ 的外接圆半径为 R，则

$$EG = AD\sin\angle EAG = AD\sin\angle BAG = \frac{AD \cdot BC}{2R}.$$

同理，可得 $GF = \dfrac{CD \cdot AB}{2R}$，$EF = \dfrac{BD \cdot AC}{2R}$.

显然 $EF \leqslant EG + GF$，即

$$\frac{BD \cdot AC}{2R} \leqslant \frac{AD \cdot BC}{2R} + \frac{CD \cdot AB}{2R},$$

即

$$BD \cdot AC \leqslant AD \cdot BC + CD \cdot AB.$$

当且仅当四边形 $ABCD$ 是圆内接四边形时，E、F、G 三点共线，等号成立，即托勒密定理.

第**14**章 ▶▶

三角形内一点问题

过三角形内一点与各顶点作直线与三角形的边相交，这样就把三角形分成了好几部分．这些部分之间有什么关系呢?

对于这样的问题，若没有掌握方法，解起来很费事．第7章已经介绍过这方面的问题了，这一章再用专题介绍．

例1 在国外的一个论坛上，有网友就这样的一个题目求助．

In the attached diagram (Figure 14-1), the numbers 5, 8, and 10 are respectively the areas of the triangles enclosing them. Find the area of quadrilateral X. I only know one way of solving the problem, but it takes at least 30 minutes.

一名网友的回答如下：

Draw a line from the top vertex to the intersection point of the two lines. Call the two areas x and y (x is on the left).

Since the ratio of those two areas is 5 to 10, the ratio of the segments is 1 to 2. The ratio of x to ($y+8$) is also $1:2$.

Similarly, the ratio of the two segments on the other line is $4:5$. The ratio of y to ($x+5$) is $4:5$. Now we have a system of equations. $2x=y+8$, $5y=4x+20$, Solving, we get x is 10 and y is 12. The total area is 22.

对于这样一个"将三角形分成四块，已知其中三块的面积，求剩下的一块的面积"的题目，肯定不需要原发帖人所讲的 30 分钟．网友的回答算是比较简单的了，仅用到简单的面积法和二元一次方程组．有没有更简单的方法呢？有．

如图 14-2 所示，连接 DE，易得 $S_{\triangle DEF}=4$，可列出比例方程：

$$\frac{X+5}{X-4}=\frac{BA}{DA}=\frac{8+10}{8+4}, \quad 解得 \ X=22.$$

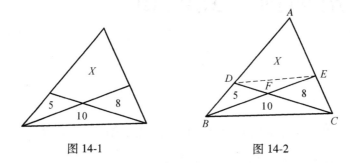

图 14-1 图 14-2

例 2 如图 14-3 所示，在 $\triangle ABC$ 中，D、E 分别是边 BC、CA 上的点，AD 与 BE 相交于点 F．若 $CD:DB=m$，$CE:EA=n$，求 $\dfrac{S_{四边形EFDC}}{S_{\triangle ABF}}$．

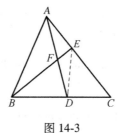

图 14-3

解

$$\frac{AF}{FD}=\frac{S_{\triangle ABE}}{S_{\triangle DBE}}=\frac{\dfrac{1}{1+n}\cdot S_{\triangle ABC}}{\dfrac{n}{1+n}\cdot\dfrac{1}{1+m}\cdot S_{\triangle ABC}}=\frac{1+m}{n},$$

$$\frac{S_{\triangle DEF}}{S_{\triangle CDE}}=\frac{\dfrac{n}{1+m+n}\cdot S_{\triangle ADE}}{S_{\triangle CDE}}=\frac{1}{1+m+n},$$

$$\frac{S_{\text{四边形}EFDC}}{S_{\triangle ABF}}=\frac{\left(n+\dfrac{n}{1+m+n}\right)S_{\triangle ADE}}{S_{\triangle ABF}}=\frac{mn(2+m+n)}{(1+m)(1+m+n)}.$$

例 3　如图 14-4 所示，$\triangle ABC$ 的面积等于 25，$AE=ED$，$BD=2DC$，则 $\triangle AEF$ 与 $\triangle BDE$ 的面积之和等于＿＿＿＿，四边形 $CDEF$ 的面积等于＿＿＿＿（2003 年第 14 届"希望杯"数学邀请赛试题）.

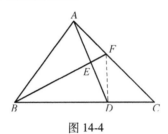

图 14-4

解
$$\frac{AF}{FC}=\frac{S_{\triangle ABF}}{S_{\triangle CBF}}=\frac{S_{\triangle ABF}}{S_{\triangle DBF}}\cdot\frac{S_{\triangle DBF}}{S_{\triangle CBF}}=\frac{AE}{ED}\cdot\frac{BD}{BC}=\frac{2}{3},$$

$$S_{\triangle BDE}=\frac{1}{2}S_{\triangle ABD}=\frac{1}{2}\cdot\frac{2}{3}S_{\triangle ABC}=\frac{1}{3}S_{\triangle ABC},$$

$$S_{\text{四边形}FEDC}=S_{\triangle FBC}-S_{\triangle EBD}=\frac{3}{5}S_{\triangle ABC}-\frac{1}{3}S_{\triangle ABC}=\frac{4}{15}\times25=\frac{20}{3},$$

$$S_{\triangle AEF}+S_{\triangle BDE}=S_{\triangle BDE}+S_{\triangle ADC}-S_{\text{四边形}FEDC}$$
$$=\frac{1}{3}S_{\triangle ABC}+\frac{1}{3}S_{\triangle ABC}-\frac{4}{15}S_{\triangle ABC}=10.$$

例 4　如图 14-5 所示，在等边三角形 ABC 中，点 M、N 分别在 AB、AC 上，且 $AN=BM$，BN 与 CM 相交于点 O. 若 $S_{\triangle ABC}=7$，$S_{\triangle OBC}=2$，求 $\dfrac{BM}{BA}$.

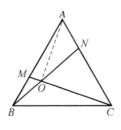

图 14-5

解 因为

$$\frac{S_{\triangle AOC}}{S_{\triangle BOC}}=\frac{AM}{BM}, \ \frac{S_{\triangle AOB}}{S_{\triangle BOC}}=\frac{AN}{CN},$$

所以

$$S_{\triangle AOC}+S_{\triangle AOB}=S_{\triangle BOC}\left(\frac{AM}{BM}+\frac{AN}{CN}\right),$$

$$\frac{5}{2}=\frac{AM}{BM}+\frac{AN}{CN}.$$

又因为 $\frac{AN}{CN}=\frac{BM}{AM}$ ，所以

$$\frac{AM}{BM}=2 \ 或 \frac{AM}{BM}=\frac{1}{2},$$

$$\frac{BM}{BA}=\frac{1}{3} \ 或 \frac{BM}{BA}=\frac{2}{3}.$$

例5 如图 14-6 所示，在 $\triangle ABC$ 中，AD、BE、CF 相交于点 G，且 $S_{\triangle AEG}=S_{\triangle BFG}=S_{\triangle CDG}$，求证：点 G 是 $\triangle ABC$ 的重心.

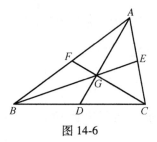

图 14-6

证法1 设 $S_{\triangle AEG}=S_{\triangle BFG}=S_{\triangle CDG}=S$，$\frac{S_{\triangle BDG}}{S_{\triangle CDG}}=\frac{BD}{CD}$，则

$$S_{\triangle BDG}=\frac{BD}{CD}\cdot S,$$

同理，可得

$$S_{\triangle CEG}=\frac{CE}{AE}\cdot S, S_{\triangle AFG}=\frac{AF}{BF}\cdot S.$$

所以

$$\frac{S_{\triangle ABG}}{S_{\triangle CBG}}=\frac{S_{\triangle AFG}+S_{\triangle BFG}}{S_{\triangle BDG}+S_{\triangle CDG}}=\frac{\dfrac{AF}{BF}\cdot S+S}{\dfrac{BD}{CD}\cdot S+S}=\frac{AE}{CE},$$

即

$$\frac{AF}{BF}+1=\frac{AE}{CE}\left(\frac{BD}{CD}+1\right).$$

同理，可得

$$\frac{BD}{CD}+1=\frac{AF}{BF}\left(\frac{CE}{AE}+1\right).$$

上述两式相乘，得

$$\frac{AF}{BF}+1=\frac{AE}{CE}\left(\frac{CE}{AE}+1\right)\frac{AF}{BF},$$

化简，得

$$\frac{CE}{AE}=\frac{AF}{BF}.$$

所以

$$S_{\triangle CEG}=\frac{CE}{AE}\cdot S=\frac{AF}{BF}\cdot S=S_{\triangle AFG},$$

$$\frac{BD}{CD}=\frac{S_{\triangle ABG}}{S_{\triangle ACG}}=1.$$

根据对称性可得 $\dfrac{CE}{AE}=1$，所以点 G 是 $\triangle ABC$ 的重心．

证法 2 设 $S_{\triangle AEG}=S_{\triangle BFG}=S_{\triangle CDG}=S$，不妨假设 $S_{\triangle AFG}\leqslant S_{\triangle BDG}$，$S_{\triangle AFG}\leqslant S_{\triangle CEG}$，

由 $S_{\triangle AFG}\leqslant S_{\triangle BDG}$ 得 $S\leqslant S_{\triangle CEG}$.

由 $S_{\triangle AFG}\leqslant S_{\triangle CEG}$ 得 $S_{\triangle BDG}\leqslant S$.

从而

$$S_{\triangle BDG}\leqslant S_{\triangle CEG}，S\leqslant S_{\triangle AFG}；S_{\triangle AFG}\leqslant S_{\triangle BDG}\leqslant S\leqslant S_{\triangle AFG}.$$

所以

$$S_{\triangle AFG}=S_{\triangle BDG}=S，$$

点 F、D 为所在线段的中点，点 G 是 $\triangle ABC$ 的重心.

例 6 如图 14-7 所示，在 $\triangle ABC$ 中，D、E、F 分别在 BC、CA、AB 上，且 AD、BE、CF 相交于点 P. 求证：当且仅当点 P 是 $\triangle DEF$ 的重心时，点 P 是 $\triangle ABC$ 的重心（2006 年海湾地区数学奥林匹克试题）.

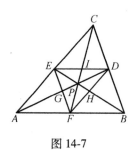

图 14-7

证明 若点 P 是 $\triangle DEF$ 的重心，则

$$\frac{AF}{FB}=\frac{S_{\triangle APF}}{S_{\triangle BPF}}=\frac{S_{\triangle APC}}{S_{\triangle BPC}}=\frac{S_{\triangle APC}-S_{\triangle APF}}{S_{\triangle BPC}-S_{\triangle BPF}}=\frac{S_{\triangle EPC}}{S_{\triangle DPC}}=\frac{EI}{DI}=1,$$

于是 F 是 AB 的中点.

同理，可证 D、E 分别是 BC、CA 的中点.

所以，点 P 是 $\triangle ABC$ 的重心.

若点 P 是 $\triangle ABC$ 的重心，则

$$\frac{EI}{DI}=\frac{S_{\triangle EPC}}{S_{\triangle DPC}}=\frac{S_{\triangle APC}}{S_{\triangle BPC}}=\frac{AF}{BF}=1,$$

于是，I 是 ED 的中点.

同理，可证 G、H 分别是 EF、DF 的中点.

所以，点 P 是 $\triangle DEF$ 的重心.

例 7 如图 14-8 所示，P 为 $\triangle ABC$ 内的一点，AP、BP、CP 分别与对边相交于点 D、E、F，记 $\triangle PBD$、$\triangle PDC$、$\triangle PCE$、$\triangle PEA$、$\triangle PAF$ 和 $\triangle PFB$ 的面积分别为 S_1、S_2、S_3、S_4、S_5 和 S_6，求证：$\dfrac{1}{S_1}+\dfrac{1}{S_3}+\dfrac{1}{S_5}=\dfrac{1}{S_2}+\dfrac{1}{S_4}+\dfrac{1}{S_6}$.

证明 由 $\dfrac{S_{\triangle PBD}}{S_{\triangle PDC}}=\dfrac{S_{\triangle PAB}}{S_{\triangle PAC}}$ 得 $\dfrac{S_1}{S_2}=\dfrac{S_5+S_6}{S_3+S_4}$，即

$$S_1S_3+S_1S_4=S_2S_5+S_2S_6.$$

同理，可得

$$S_3S_5+S_3S_6=S_1S_4+S_2S_4,$$

$$S_1S_5+S_2S_5=S_3S_6+S_4S_6.$$

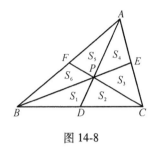

图 14-8

三式相加，可得

$$S_1S_3+S_3S_5+S_5S_1=S_2S_4+S_4S_6+S_6S_2. \qquad ①$$

由

$$\frac{S_1}{S_2}\cdot\frac{S_3}{S_4}\cdot\frac{S_5}{S_6}=\frac{S_{\triangle ABP}}{S_{\triangle ACP}}\cdot\frac{S_{\triangle BCP}}{S_{\triangle BAP}}\cdot\frac{S_{\triangle CAP}}{S_{\triangle CBP}}=1,$$

得

$$S_1S_3S_5=S_2S_4S_6.$$

式①两边分别除以 $S_1S_3S_5$、$S_2S_4S_6$，得

$$\frac{1}{S_1}+\frac{1}{S_3}+\frac{1}{S_5}=\frac{1}{S_2}+\frac{1}{S_4}+\frac{1}{S_6}.$$

例 8 设 P 是 $\triangle ABC$ 内的任意一点，记 $\lambda_1=\dfrac{S_{\triangle PBC}}{S_{\triangle ABC}}$，$\lambda_2=\dfrac{S_{\triangle PCA}}{S_{\triangle ABC}}$，$\lambda_3=\dfrac{S_{\triangle PAB}}{S_{\triangle ABC}}$，定义 $f(P)=(\lambda_1,\lambda_2,\lambda_3)$，若 G 是 $\triangle ABC$ 的重心，$f(Q)=\left(\dfrac{1}{2},\dfrac{1}{3},\dfrac{1}{6}\right)$，则( )．

(A) 点 Q 在 $\triangle GAB$ 内；　　(B) 点 Q 在 $\triangle GBC$ 内；

(C) 点 Q 在 $\triangle GCA$ 内；　　(D) 点 Q 与 G 重合．

如何从点 G 出发找到点 Q 呢？在由 $f(G)=\left(\dfrac{1}{3},\dfrac{1}{3},\dfrac{1}{3}\right)$ 到 $f(Q)=\left(\dfrac{1}{2},\dfrac{1}{3},\dfrac{1}{6}\right)$ 的过程中，$S_{\triangle QBC}$ 增大，$S_{\triangle QCA}$ 不变，$S_{\triangle QAB}$ 减小．$S_{\triangle QBC}$ 增大说明点 Q 不可能在 $\triangle GBC$ 内，$S_{\triangle QCA}$ 不变说明点 Q 在 $\triangle GAC$ 内，所以点 Q 在 $\triangle GAB$ 内，选 A．

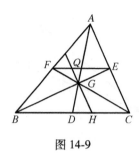

图 14-9

由于此题中给出的数据比较特殊，容易确定点 Q 的位置．过点 G 作 AC 的平行线，它与 EF 的交点就是点 Q，其中 D、E、F 是 $\triangle ABC$ 的三边的中点（见图 14-9）.

这道题是 2005 年湖南省高考题，近几年的高考和竞赛中多次出现这样的题目．有些是以向量的形式出现的，但它们的本质都是重心坐标的内容．本书对此不进行展开，请有兴趣的读者查阅相关资料.

例 9 如图 14-10 所示，O 是 $\triangle ABC$ 内的任一点，AO、BO、CO 分别交 BC、CA、AB 于点 D、E、F，DE、EF、FD 分别交 OC、OA、OB 于点 I、G、H，求证：$\dfrac{OG}{AG}+\dfrac{OH}{BH}+\dfrac{OI}{CI}=1$.

此题由两道基础题组合而来，根据第 7 章例 11 的结论，可得

$$\frac{OG}{AG}=\frac{S_{\triangle OEF}}{S_{\triangle AEF}}=\frac{S_{\triangle OBC}}{S_{\triangle ABC}},$$

于是

$$\frac{OG}{AG}+\frac{OH}{BH}+\frac{OI}{CI}=\frac{S_{\triangle OBC}}{S_{\triangle ABC}}+\frac{S_{\triangle OCA}}{S_{\triangle ABC}}+\frac{S_{\triangle OAB}}{S_{\triangle ABC}}=1.$$

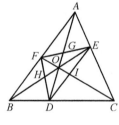

图 14-10

例 10 如图 14-11 所示，三条交于一点的直线把 $\triangle ABC$ 分成 6 个小三角形，已知其中 4 个小三角形的面积（已在图中标出），求 $\triangle ABC$ 的面积（1985 年美国数学邀请赛试题）.

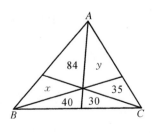

图 14-11

解　根据共边定理列出以下方程：

$$\begin{cases} \dfrac{84+x}{35+y}=\dfrac{40}{30}, & ① \\[3mm] \dfrac{35+y}{30+40}=\dfrac{84}{x}, & ② \\[3mm] \dfrac{84+x}{40+30}=\dfrac{y}{35}. & ③ \end{cases}$$

从中选出容易计算的①和③，联立计算，得

$$\begin{cases} x=56, \\ y=70. \end{cases}$$

对于此题，虽然能够使用共边定理轻松解答，但我们不能就此放过它，有必要进一步思考：为什么列出的三个方程中有一个竟然可以不用？是不是题目本身有问题？

假设将 84、40、30、35 这四个数中的一个换成 z，譬如将 84 换成 z，那么方程就变成

$$\begin{cases} \dfrac{z+x}{35+y}=\dfrac{40}{30}, \\[3mm] \dfrac{35+y}{30+40}=\dfrac{z}{x}, \\[3mm] \dfrac{z+x}{40+30}=\dfrac{y}{35}. \end{cases}$$

三个方程，三个未知数，联立求解，得

$$\begin{cases} x=56, \\ y=70, \\ z=84. \end{cases}$$

虽然还是可以求解，但计算的难度增加了．

由以上分析可知，如果已知 6 个小三角形中 3 个的面积，则可以求出其余 3

个小三角形的面积. 于是, 可以断定此题有多余条件, 这个多余的条件使得题目的难度降低了.

需要指出的是, 有些命题给出的 4 个三角形的面积不恰当, 结果题目无解. 读者想想这是为什么. （提示：譬如将本题中的 84 改成 85, 那么联立三个方程求解时就会发现问题.）

对于较简单的题目, 我们解答完成后不能轻易放弃, 而要进一步思考, 可能会得到更一般的结论, 或者发现题目中的漏洞. 这对于提高我们的解答能力大有裨益.

例 11 已知 $\triangle ABC$ 的三条边的长度, 其中 $AB = 6$, $BC = 9$, $CA = 8$. $\triangle ABC$ 的内心为 O, $S_{\triangle OAB} = 12$, 求 $\dfrac{S_{\triangle OAB}}{S_{\triangle ABC}}$.

解 如图 14-12 所示, 由内心到三边的距离相等得 $\dfrac{S_{\triangle OAB}}{AB} = \dfrac{S_{\triangle OBC}}{BC} = \dfrac{S_{\triangle OAC}}{AC}$, 所以

$$\dfrac{S_{\triangle OAB}}{S_{\triangle ABC}} = \dfrac{AB}{AB + BC + AC} = \dfrac{6}{23}.$$

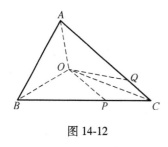

图 14-12

对于某资料上的这个解答, 我们似乎挑不出什么毛病, 但在解答过程中没有用到条件"$S_{\triangle OAB} = 12$", 这说明该条件多余. 其实这是显然易见的. 当 $\triangle ABC$ 确定下来之后, 其内心 O 自然就确定了, $\dfrac{S_{\triangle OAB}}{S_{\triangle ABC}}$ 就是一个定值, 无须另外给出 $\triangle OAB$ 的面积.

可能有人认为这是出题人故意多给出的条件, 为的是多给解答者一些思路. 譬如先用海伦公式计算出 $\triangle ABC$ 的面积, 再计算 $\dfrac{S_{\triangle OAB}}{S_{\triangle ABC}}$.

此题和例 10 有本质的不同：题目给出的条件可以多余, 但绝不能与其他条件发生冲突. 条件"$S_{\triangle OAB} = 12$"很让人怀疑, 因为用海伦公式计算三角形面积时, 除了少数特殊边长数据, 一般来说所得结果是带根号的, 而内心 O 可看作

$\triangle ABC$ 的三个顶点的线性组合，所以 $S_{\triangle OAB}$ 的值极有可能是带根号的．当然，这只是猜测，我们可以通过计算验证．

利用海伦公式计算出 $S_{\triangle ABC} = \dfrac{\sqrt{8855}}{4} \approx 23.53$，$S_{\triangle OAB} = \dfrac{\sqrt{8855}}{4} \times \dfrac{6}{23} \approx 6.14$．这说明条件 "$S_{\triangle OAB} = 12$" 与其他条件冲突，导致此题成为错题．

例 12 在平面直角坐标系中，如果已知 $\triangle ABC$ 的三个顶点的坐标，那么对于坐标系中的任意一点 D，如何判断该点是否在该三角形内呢？

这道题很特别．因为它不是以数学题的面貌出现，而是以算法题的形式出现．据说微软公司在面试时出过这道题，但解答出来的人很少．

如果你对面积法有所掌握的话，很容易就能解出此题．如果 $S_{\triangle ABC} = S_{\triangle DAB} + S_{\triangle DBC} + S_{\triangle DCA}$，那么点 D 就在 $\triangle ABC$ 的内部或周界上．接下来的工作就是判断点 D 是否在直线 AB、BC、CA 上．

此题可扩展为如何判断点 P 是否在多边形内，其难度增大了很多，需要用到更一般的方法．以点 P 为起点作射线，如果该射线与多边形的交点数为奇数，则点 P 在多边形的内部，如图 14-13 所示．当然，必须认识到这只是一个大致的判断，还有细节要处理．譬如，当射线碰巧经过某个顶点时（见图 14-14），这种方法会失效，所以还需要进一步判断．

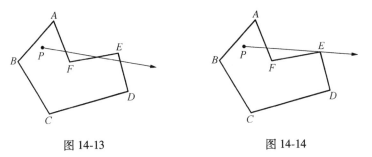

图 14-13   图 14-14

这已经属于计算几何研究的内容了，我们就不多说了．

第**15**章 ▸▸▸
有向面积

在中学范围内，面积都是正的，但引入有向面积，有时更为方便．简单多边形（即边界不和自己相交的多边形）的有向面积一般依照边界的"走向"来确定，如果边界的"走向"为逆时针方向，面积则为正；反之，边界的"走向"为顺时针方向，面积则为负．面积的"走向"可在图中用箭头表示，但更常用的方式是用顶点的排列顺序表示（见图 15-1）．

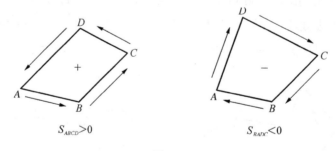

$S_{ABCD}>0$　　　　　$S_{BADC}<0$

图 15-1

为了区分有向面积和一般意义的面积，通常在表示面积的符号 S 上画一条横线，如：

$$\overline{S}_{\triangle ABC}=\overline{S}_{\triangle BCA}=-\overline{S}_{\triangle ACB}, \quad \overline{S}_{四边形ABCD}=-\overline{S}_{四边形DCBA}.$$

有向面积的好处在于可以用更简洁的语言描述一些几何事实，譬如下面三句话说的事实．

（1）若点 P 在线段 BC 上，则 $S_{\triangle ABC}=S_{\triangle ABP}+S_{\triangle APC}$.

（2）若点 P 在线段 BC 的延长线上，则 $S_{\triangle ABC}=S_{\triangle ABP}-S_{\triangle APC}$.

（3）若点 P 在线段 CB 的延长线上，则 $S_{\triangle ABC}=-S_{\triangle ABP}+S_{\triangle APC}$.

若采用有向面积，一句话就能表达清楚了：若点 P 在直线 BC 上，则 $\overline{S}_{\triangle ABC}=\overline{S}_{\triangle ABP}+\overline{S}_{\triangle APC}$. 这可结合图 15-2 来看.

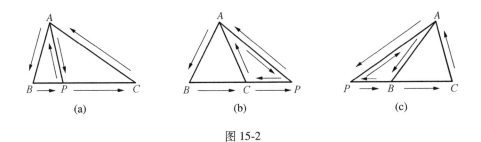

图 15-2

关于凸多边形和凹多边形的讨论，也因为有向面积的引入而变得简单. 一般面积可表示为图 15-3 所示的两种情况.

（1）$S_{\text{四边形}ABCD}=S_{\triangle ABD}+S_{\triangle BCD}$.

（2）$S_{\text{四边形}ABCD}=S_{\triangle ABD}-S_{\triangle BCD}$.

而用有向面积时，则可统一为表示 $\overline{S}_{\text{四边形}ABCD}=\overline{S}_{\triangle ABD}+\overline{S}_{\triangle BCD}$.

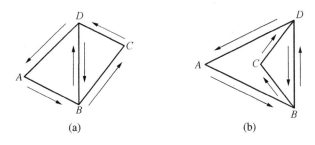

图 15-3

例 1　如图 15-4 所示，已知四边形 $ABCD$ 是平行四边形，求证：$S_{\triangle BPD}=S_{\triangle BPA}+S_{\triangle BPC}$.

证明 设 AC 与 BD 相交于点 O，则

$$S_{\triangle BPD} = 2S_{\triangle BPO} = S_{\triangle BPA} + S_{\triangle BPC}.$$

需要说明的是，这里用"如图 15-4 所示"这样的限定使得题目变得简单. 如果将点 P 换一个位置，结论就改变了.

对于图 15-5，结论变成 $S_{\triangle BPD} = 2S_{\triangle BPO} = S_{\triangle BPA} - S_{\triangle BPC}$；对于图 15-6，结论变成 $S_{\triangle BPD} = 2S_{\triangle BPO} = S_{\triangle BPC} - S_{\triangle BPA}$. 若用有向面积，结论可统一表示为 $\overline{S}_{\triangle BPD} + \overline{S}_{\triangle BPA} + \overline{S}_{\triangle BPC} = 0$.

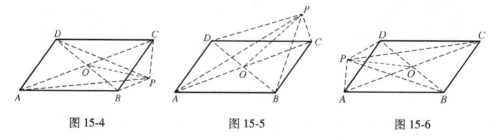

图 15-4　　　　　　　　图 15-5　　　　　　　　图 15-6

例 2 已知 $\triangle ABC$，AD、BE、CF 是它的三条中线，P 是 $\triangle ABC$ 内的任意一点. 求证：在 $\triangle PAD$、$\triangle PBE$、$\triangle PCF$ 中，有一个三角形的面积等于另外两个三角的面积的和（第 26 届莫斯科数学奥林匹克竞赛题）.

我们证明更一般性的结论：$\overline{S}_{\triangle PAD} + \overline{S}_{\triangle PBE} + \overline{S}_{\triangle PCF} = 0$.

证明 因为

$$\overline{S}_{\triangle PAD} + \overline{S}_{\triangle PBE} + \overline{S}_{\triangle PCF}$$
$$= \frac{1}{2}(\overline{S}_{\triangle PAB} + \overline{S}_{\triangle PAC}) + \frac{1}{2}(\overline{S}_{\triangle PBC} + \overline{S}_{\triangle PBA}) + \frac{1}{2}(\overline{S}_{\triangle PCB} + \overline{S}_{\triangle PCA}) = 0,$$

所以原命题成立.

例 3 如图 15-7 所示，在四边形 $ABCD$ 中，E、F、G、H 分别是 BD、AC、AB、CD 的中点，AC 与 BD 相交于点 I，求证：四边形 $EGFH$ 的面积等于 $\triangle ABI$ 和 $\triangle CDI$ 的面积之差的绝对值的二分之一.

证明 因为

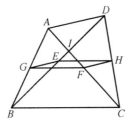

图 15-7

$$\overline{S}_{EGFH}=\overline{S}_{\triangle EGH}+\overline{S}_{\triangle GFH}$$

$$=\frac{1}{2}(\overline{S}_{\triangle DGH}+\overline{S}_{\triangle BGH})+\frac{1}{2}(\overline{S}_{\triangle GCH}+\overline{S}_{\triangle GAH})$$

$$=\frac{1}{2}\left(\frac{1}{2}\overline{S}_{\triangle DGC}+\frac{1}{2}\overline{S}_{\triangle BAH}\right)+\frac{1}{2}\left(\frac{1}{2}\overline{S}_{\triangle GCD}+\frac{1}{2}\overline{S}_{\triangle BAH}\right)$$

$$=\frac{1}{2}(\overline{S}_{\triangle DGC}+\overline{S}_{\triangle BAH})$$

$$=\frac{1}{2}\left[\frac{1}{2}(\overline{S}_{\triangle DAC}+\overline{S}_{\triangle DBC})+\frac{1}{2}(\overline{S}_{\triangle BAD}+\overline{S}_{\triangle BAC})\right]$$

$$=\frac{1}{4}\left[(\overline{S}_{\triangle DAC}+\overline{S}_{\triangle BAD})+(\overline{S}_{\triangle DBC}+\overline{S}_{\triangle BAC})\right]$$

$$=\frac{1}{2}(\overline{S}_{\triangle DIC}+\overline{S}_{\triangle BAI}),$$

所以

$$S_{四边形EGFH}=\frac{1}{2}\left|S_{\triangle ABI}-S_{\triangle CDI}\right|.$$

　　既然可定义有向面积，那么也可以定义有向线段和有向角．

　　记号 $\overline{AB}$ 表示有向线段，它的长度的绝对值等于 AB，但符号可正可负．有向线段的正负可以通过指定其方向来确定．如果线段 AB 的方向是由 A 到 B，则 $\overline{AB}>0$，$\overline{BA}<0$. 一般总有

$$\overline{AB}=-\overline{BA}.$$

　　容易验证共线的三个点 A、B、C 之间总有 $\overline{AB}+\overline{BC}=\overline{AC}$.

不管如何规定直线的方向，也不管点 B 是否在点 A 和 C 之间，这个等式总是成立．这是有向线段的方便之处．

有了有向面积与有向线段的概念，共边定理可表示为更准确的形式．

共边定理　若直线 PQ 与 AB 交于点 M，则 $\dfrac{\overline{S}_{\triangle PAB}}{\overline{S}_{\triangle QAB}}=\dfrac{\overline{PM}}{\overline{QM}}$，且 $\dfrac{\overline{PM}}{\overline{PQ}}=\dfrac{\overline{S}_{\triangle PAB}}{\overline{S}_{四边形PAQB}}$．

定比分点公式也可以推广．

定比分点公式　若 P、Q、R 三点共线，$\lambda\overline{PQ}=\overline{PR}$，则 $\overline{S}_{\triangle RAB}=\lambda\overline{S}_{\triangle QAB}+(1-\lambda)\overline{S}_{\triangle PAB}$．

有关有向线段、有向面积、有向角度的详细应用，请参看《几何新方法和新体系》（张景中著）．此处仅举一个例子来说明．

例4　如图 15-8 所示，在 $\triangle ABC$ 内任取一点 P，连接 AP、BP、CP，分别交对边于点 X、Y、Z，求证：$\dfrac{PX}{AX}+\dfrac{PY}{BY}+\dfrac{PZ}{CZ}=1$．当点 P 在 $\triangle ABC$ 之外时（见图 15-9），求证：$\dfrac{PX}{AX}-\dfrac{PY}{BY}+\dfrac{PZ}{CZ}=1$．

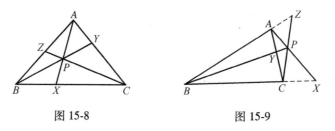

图 15-8　　　　　　　　图 15-9

如果引入有向线段和有向面积，结论可统一为：在 $\triangle ABC$ 所在的平面上取一点 P，连接 AP、BP、CP，分别交对边于点 X、Y、Z，则 $\dfrac{\overline{PX}}{\overline{AX}}+\dfrac{\overline{PY}}{\overline{BY}}+\dfrac{\overline{PZ}}{\overline{CZ}}=1$．

第**16**章 ▶▶▶
面积法的局限性

解题的专著大多会存在这样的一个问题：介绍向量法的专著会阐述用向量法解题如何简便，而介绍解析法的专著则会强调解析法的特长……

这样做本身是没有错的．每一种解题方法和工具都有其特点，有其存在价值．但是，我们必须看到各种解题法的劣势所在．

本书主要介绍面积法，偶尔也会穿插介绍其他解题方法，这是因为我们觉得有些问题用其他方法解决可能更合适．本章就专门介绍这样的例子．希望读者通过这些"反面教材"，对面积法的认识更深入．

例1 计算：$S = 1^2 + 2^2 + \cdots + n^2$．

此题的代数证法很多，许多资料上都有，此处略去．请读者感受下面的几何构造证法是多么复杂．

图 16-1 展示了三列小方块，每一组小方块的面积分别代表 1^2，2^2，$\cdots$，n^2．这三列小方块可拼成一个长方形，如图 16-2 所示．这个长方形的一条边的长度为 $2n+1$，另一条边的长度则是前 n 个自然数的和，即

$$1 + 2 + \cdots + n = \frac{n(n+1)}{2}.$$

所以

$$3S = 3(1^2 + 2^2 + \cdots + n^2) = (2n+1) \cdot \frac{n(n+1)}{2},$$

$$S = 1^2 + 2^2 + \cdots + n^2 = \frac{n(n+1)(2n+1)}{6}.$$

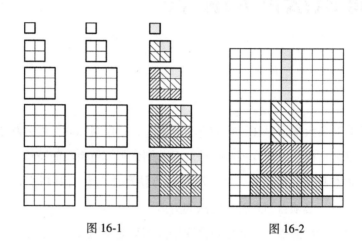

图 16-1   图 16-2

例 2 求证：$[x^2 + y^2 + (x+y)^2]^2 = 2[x^4 + y^4 + (x+y)^4]$.

代数证明 $[x^2 + y^2 + (x+y)^2]^2$

$$= x^4 + y^4 + (x+y)^4 + 2x^2y^2 + 2x^2(x+y)^2 + 2y^2(x+y)^2$$

$$= x^4 + y^4 + (x+y)^4 + 2x^2y^2 + (2x^4 + 2x^2y^2 + 4x^3y) + (2y^4 + 2x^2y^2 + 4xy^3)$$

$$= 2x^4 + 2y^4 + (x+y)^4 + (x^4 + 4x^3y + 6x^2y^2 + 4xy^3 + y^4)$$

$$= 2x^4 + 2y^4 + (x+y)^4 + (x+y)^4$$

$$= 2[x^4 + y^4 + (x+y)^4].$$

代数证法的步骤虽长，但这里涉及的都是简单计算；而下面的几何证明（无字证明）确实难以想象！

几何证明 图 16-3 是证明的主图，图 16-4 和图 16-5 是辅助说明．

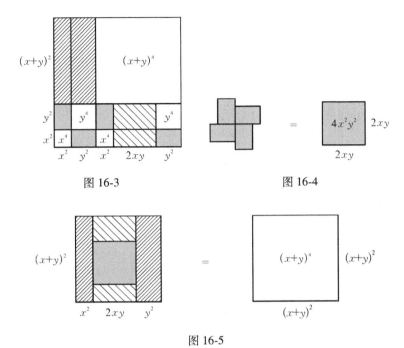

图 16-3　　　　　　　　　　　图 16-4

图 16-5

例 3　已知 $\triangle ABC$，$\angle A = 60°$，求证：$S_{\triangle ABC} = \dfrac{\sqrt{3}}{4}\left[a^2 - (b-c)^2 \right]$.

代数证法　由余弦定理得

$$a^2 = b^2 + c^2 - 2bc\cos 60°,$$

$$a^2 = b^2 + c^2 - bc,$$

$$a^2 - (b-c)^2 = bc.$$

所以

$$S_{\triangle ABC} = \frac{1}{2}bc\sin 60° = \frac{\sqrt{3}}{4}\left[a^2 - (b-c)^2 \right].$$

几何证明　对于图 16-6，可得

$$S_{\triangle ABC} = \frac{1}{6}\left[\frac{\sqrt{3}}{4}a^2 \cdot 6 - \frac{\sqrt{3}}{4}(b-c)^2 \cdot 6 \right] = \frac{\sqrt{3}}{4}\left[a^2 - (b-c)^2 \right].$$

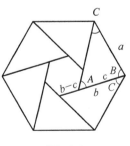

图 16-6

类似的例子还有下面的例 4.

例4 求证：如图 16-7 所示，在 $\triangle ABC$ 中，如果 $\angle A = 120°$，那么 $S_{\triangle ABC} = \frac{\sqrt{3}}{12}[a^2-(b-c)^2]$.

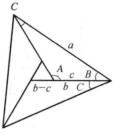

图 16-7

几何证明 对于图 16-7，可得

$$S_{\triangle ABC} = \frac{1}{3}\left[\frac{\sqrt{3}}{4}a^2 - \frac{\sqrt{3}}{4}(b-c)^2\right]$$

$$= \frac{\sqrt{3}}{12}[a^2-(b-c)^2].$$

例5 如图 16-8 所示，$\odot O_1$ 和 $\odot O_2$ 外切于点 C，外公切线 AB 分别与两圆相切于点 A、B，两圆的直径分别为 d_1、d_2，求证：$AB^2 = d_1 d_2$.

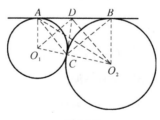

图 16-8

面积法证明 作两圆的内公切线并交 AB 于点 D，则 $AD = DC = DB$.

由 $CB \perp DO_2$ 得 $\angle CDO_2 + \angle DCB = 90°$.

又因为 $\angle ACD + \angle DCB = 90°$，所以

$$\angle CDO_2 = \angle ACD, DO_2 /\!/ AC, S_{\triangle ACD} = S_{\triangle ACO_2},$$

$$\frac{1}{2}DA \cdot DC\sin\angle ADC = \frac{1}{2}AO_1 \cdot CO_2\sin\angle AO_1O_2,$$

$(2DA) \cdot (2DC) = (2AO_1) \cdot (2CO_2)$，即 $AB^2 = d_1 d_2$.

其实，下面的证法更简单.

在 $\triangle DO_1O_2$ 中，易得 $\angle O_1DO_2 = 90°$.

根据射影定理，得 $DC^2 = CO_1 \cdot CO_2$.

又因为 $2DC = AB$，所以 $AB^2 = d_1 d_2$.

例 6　以线段 PR 为直径作圆，S 是圆上的一点，作 $SQ \perp PR$，垂足为 Q，求证：图 16-9 和图 16-10 中的阴影部分的面积相等，即 $A = C$.

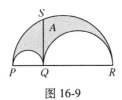

图 16-9　　　　　图 16-10

几何证明　如图 16-11 所示，易得

$$A + A_1 + A_2 = B_1 + B_2,$$

$$B_1 = A_1 + C_1,$$

$$B_2 = A_2 + C_2,$$

所以

$$A + A_1 + A_2 = A_1 + C_1 + A_2 + C_2,$$

$$A = C_1 + C_2,$$

即

$$A = C.$$

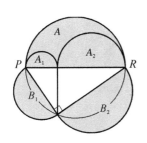 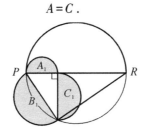 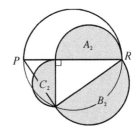

图 16-11

代数证明 如图 16-9 所示，可得

$$A = \frac{1}{2}\pi\left(\frac{PQ+QR}{2}\right)^2 - \frac{1}{2}\pi\left(\frac{PQ}{2}\right)^2 - \frac{1}{2}\pi\left(\frac{QR}{2}\right)^2$$

$$= \frac{1}{4}\pi PQ \cdot QR = \frac{1}{4}\pi SQ^2$$

$$= \pi\left(\frac{SQ}{2}\right)^2 = C.$$

例 7 图 16-12 是古代数学家阿基米德在《定理汇编》中给出的一个关于面积的论断：四个半圆是以线段 PS、PQ、QR 和 RS 为直径画出的（$PQ=RS$），盐窖形（由半圆弧围成的部分）的总面积等于以图形的对称轴 MN 为直径的圆的面积，即 $A=C$.

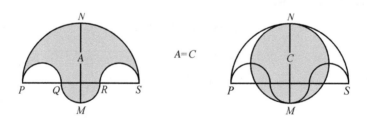

图 16-12

几何证明 图 16-13 是辅助图形，意在指出半圆和半圆内接三角形的面积之间的关系．多次应用这一关系，就能得到所需证明的结论了（见图 16-14）．

图 16-13

代数证明 如图 16-12 所示，设 $PQ=m$，$QR=n$，则

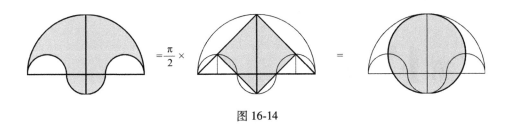

图 16-14

$$PS = 2m+n,$$

$$A = \frac{1}{2}\pi\left(\frac{2m+n}{2}\right)^2 + \frac{1}{2}\pi\left(\frac{n}{2}\right)^2 - \pi\left(\frac{m}{2}\right)^2$$

$$= \frac{1}{2}\pi \cdot \frac{(m+n)^2}{2} = \pi\left(\frac{m+n}{2}\right)^2 = C.$$

几何证明的巧妙让人赞叹，而代数证法的朴实让我们更容易学习和掌握.

通过以上案例，我们看到用面积法解题常常需要构造图形，有些构造非常巧妙，极具创造性，往往是琢磨很久再加上"灵机一动"的结果，缺少固定模式可依，需要花费很多时间. 所以，我们不能迷恋几何构造，相当多的题目还是直接计算为好.

当然，倘闲来无事，画图"玩玩"数学也是一件乐事.

第17章 ▶▶▶
高等数学与面积法

$\rm 直$ 到现在，本书都没给出面积的定义．

这是因为很多可以意会的东西一旦变成文字，反倒有些麻烦．

在小学教材里，面积是这样定义的：物体表面或平面图形的大小叫面积．

若仔细思考，我们就会发现这种定义存在的问题．还不知道面积是啥东西，就研究它的大小了？必须先有面积，再谈其大小．

严格定义面积，则是测度论研究的内容．面积是在某集合类上定义的集合函数，它满足非负性、有限可加性、运动不变性以及对边长为 1 的正方形取值 1．

进一步，我们接触的第一个面积公式是长方形的面积公式，它严格证明起来都不是那么容易．

很多时候，我们用直观代替了严格证明，但不能因此忽略了面积法在高等数学中的应用．考虑到本书的定位，仅举数例加以说明．

17.1 微积分与面积法

例1 线动成面与微积分原理．

圆面可用一条半径绕圆心旋转一周生成（见图 17-1），因此我们在计算圆的面积时可考虑将圆面分成很多小扇形．如图 17-2 所示，先将圆分成若干等份，然后将圆一分为二并展开，接着将上边的一半向右平移半个小三角形的位置，最后将上边的一半插入下边的一半．我们可以调整分解圆的份数，容易看出分得越细，最后得到的图形越接近矩形，其面积为

$$S = \frac{C}{2} \cdot R = \frac{2\pi R}{2} \cdot R = \pi R^2.$$

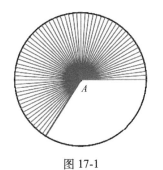

图 17-1

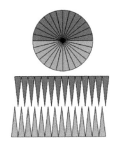

图 17-2

也可以认为圆面是由一个半径可变的圆运动生成的（见图 17-3），半径从 0 增大到 R，此时圆的面积可看作这一族动圆周的集合．如图 17-4 所示，将这一族圆周展开成一个底为 $2\pi R$、高为 R 的三角形，则有

$$S = \frac{1}{2}(2\pi R) R = \pi R^2.$$

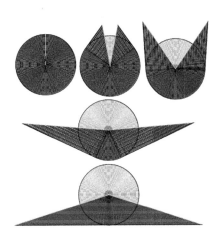

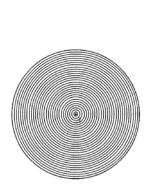

图 17-3

图 17-4

例2 已知四边形 $ABCD$ 的四条边的长度分别为 a、b、c、d，何时面积取最大值？

解 如图 17-5 所示，设 $\angle ABC = x$，$\angle ADC = y$，则

$$a^2 + b^2 - 2ab\cos x = c^2 + d^2 - 2cd\cos y.$$

对上式的两边求导，得

$$2ab\sin x = 2cd\sin y \cdot y', \text{ 即 } y' = \frac{ab}{cd} \cdot \frac{\sin x}{\sin y}.$$

设

$$F(x) = S_{\text{四边形}ABCD} = \frac{ab}{2} \cdot \sin x + \frac{cd}{2} \cdot \sin y,$$

则

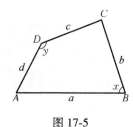

图 17-5

$$F'(x) = \frac{ab}{2} \cdot \cos x + \frac{cd}{2} \cdot \cos y \cdot y' = \frac{ab}{2\sin y} \cdot (\sin y\cos x + \cos y\sin x)$$

$$= \frac{ab}{2\sin y} \cdot \sin(x+y).$$

令 $F'(x) = 0$，得 $\sin(x+y) = 0$，$x+y = \pi$.

当 $x+y < \pi$ 时，$F'(x) > 0$.

当 $x+y > \pi$ 时，$F'(x) < 0$.

所以，当 $x+y = \pi$，即四边形 $ABCD$ 是圆的内接四边形时面积最大.

例3 计算积分 $\displaystyle\int_a^b \sqrt{(x-a)(b-x)}\,\mathrm{d}x$，$a < b$.

解 如图 17-6 所示，设 A、B 两点的坐标分别为 $(a,0)$ 和 $(b,0)$，把 $P(x,0)(a \leqslant x \leqslant b)$ 看作线段 AB 上的一个动点，$PQ \perp AB$，则

$$PA = x-a, \ BP = b-x, \ PQ = \sqrt{(x-a)(b-x)}.$$

当点 P 从点 A 移动到点 B 时，点 Q 的轨迹就是以 AB 为直径的半圆. 根据定积分的几何意义，所求积分值就是半圆的面积，即

$$\int_a^b \sqrt{(x-a)(b-x)}\,\mathrm{d}x = \frac{\pi}{2}\left(\frac{b-a}{2}\right)^2 = \frac{\pi}{8}(b-a)^2.$$

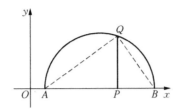

图 17-6

例 4　如图 17-7 所示，过圆内的一点作四条直线，两条相邻直线的夹角为 45°，它们将圆分成 8 块面积大小不等的区域．求证：$S_1+S_3+S_5+S_7=S_2+S_4+S_6+S_8$．

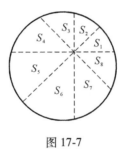

图 17-7

证明　设圆的半径为 1，则圆的面积为 π，因为

$$S_1 + S_3 + S_5 + S_7$$

$$= \frac{1}{2}\left[\int_0^{\pi/4} r^2(\theta)\,\mathrm{d}\theta + \int_{\pi/2}^{3\pi/4} r^2(\theta)\,\mathrm{d}\theta + \int_\pi^{5\pi/4} r^2(\theta)\,\mathrm{d}\theta + \int_{3\pi/2}^{7\pi/4} r^2(\theta)\,\mathrm{d}\theta\right]$$

$$= \frac{1}{2}\left[\int_0^{\pi/4}\left(r^2(\theta) + r^2\left(\theta+\frac{\pi}{2}\right) + r^2(\theta+\pi) + r^2\left(\theta+\frac{3\pi}{2}\right)\right)\right]\mathrm{d}\theta$$

$$= \frac{1}{2}\int_0^{\pi/4} 4\mathrm{d}\theta(\,\text{参看下面的注解})$$

$$= \frac{\pi}{2},$$

所以

$$S_2 + S_4 + S_6 + S_8 = \frac{\pi}{2},$$

命题得证.

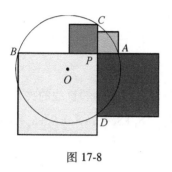

图 17-8

注解：这一步积分运算的几何意义是，在半径为 R 的圆 O 内有一点 P，过点 P 作两条互相垂直的弦 AB、CD，分别以 PB、PC、PA、PD 为边长作正方形（见图 17-8），则这 4 个正方形的面积之和为定值.

在各种资料中，常常看到各种巧妙的几何证明. 在惊叹这些巧解的同时，我们也要思考这些证明是怎么想到的. 若巧妙的证明不是妙手偶得，那么它必定是千锤百炼而成的，而后者是巧解的主要来源. 下面以此为例介绍如何利用代数法引出几何巧解.

对于图 17-8，上述结论等价于 $PA^2 + PB^2 + PC^2 + PD^2$ 为定值. 假设点 P 为圆心，显然这一定值为 $4R^2$. 目标值一定，给予我们启发，应该要把圆心 O 作出来，这样才能利用题目中唯一的数据——半径为 R.

如图 17-9 所示，作 $OM \perp AB$，$ON \perp CD$，则

$$PA^2 + PB^2 + PC^2 + PD^2$$

$$= (MA - MP)^2 + (MA + MP)^2 + (NC - NP)^2 + (NC + NP)^2$$

$$= 2(MA^2 + MP^2 + NC^2 + NP^2)$$

$$= 2[(MB^2 + OM^2) + (ND^2 + ON^2)] = 4R^2.$$

解答到此，算是告一段落. 但如果细心观察，那么也许能另辟蹊径，毕竟曲径方能通幽嘛！这条小路的入口就是要注意到所得结果 $4R^2$ 可看成 $(2R)^2$，也

就是说原来的 4 个正方形的面积之和应该等于以该圆的
直径为边长的正方形的面积.

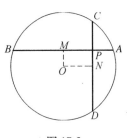

图 17-9

　　看到两条相交弦, 容易联想到相交弦定理, 但从
前面的解答来看, 好像并未用到. 那个垂直关系却是
非用不可的. 因为倘若二者不垂直, 则显然结论不成
立. 利用这一垂直条件, 能够将这 4 个正方形两两合
并（见图 17-10）. 那么合并后的两个正方形能否再合
并成我们希望的大正方形呢? 这并不困难. 移动弦 AD, 使得 A、C 两点重合
（见图 17-11）. 由于同圆内等弦所对的圆周角相等, 容易推导出 $\angle ABD + \angle BDC = 90°$. 再次运用勾股定理, 大功告成!

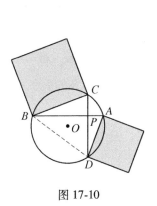

图 17-10

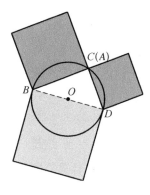

图 17-11

　　没有前面的代数解法探路, 这是很困难的.

　　需要说明的是, 例 4 可以通过面积割补来证明, 但作图烦琐, 此处略去. 我
们一直认为, 在强调几何巧证的时候, 不能忽视代数证法. 下面这个例子与例 4
极其相似.

　　如图 17-12 所示, 过正方形内的一点作四条直线, 相邻直线的夹角为 45°.
这四条直线将正方形分成 8 个大小不等的区域, 则阴影部分的面积为定值.

　　图 17-13 是几何巧证, 构思困难, 作图复杂.

　　更一般的证法是, 建立如图 17-14 所示的直角坐标系, 设 $AB = AD = 1$, 点 E

的坐标为 (x,y)，则

$$S_{阴影}=S_{\triangle EJK}+S_{\triangle ELM}+S_{四边形EFBG}+S_{四边形EHCI}$$

$$=\frac{1}{2}\left[(1-y)^2+x^2+(x+y-1+y)(1-x)+(y-x+1-x)(1-y)\right]$$

$$=\frac{1}{2}.$$

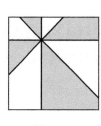

图 17-12

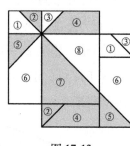

图 17-13

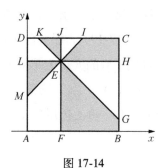

图 17-14

例 5　如图 17-15 所示，在边长为 20 的正方形 $EFGH$ 中，有一个扇形和一个半圆形，求扇形和半圆形交叉部分 S 的面积（答案四舍五入取整）．

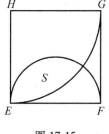

图 17-15

这是一道小学几何题，但由于 S 是不规则图形，直接计算需要用到微积分．

微积分解法　以 E 为原点，以 EF、EH 为坐标轴建立直角坐标系，则两圆的方程分别是

$$x^2+(y-20)^2=20^2,\quad(x-10)^2+y^2=10^2.$$

两圆的交点是 $(16,8)$，所求面积为

$$S=\int_0^{16}\left(\sqrt{10^2-(x-10)^2}-20-\sqrt{20^2-x^2}\right)\mathrm{d}x\approx96.$$

小学解法　如图 17-16 所示，将 S 分割成三部分，在计算中，取 $\pi\approx3.14$，$\sqrt{2}\approx1.414$，则

$$AB=15\sqrt{2}-20\approx1.21,\quad AC=10-5\sqrt{2}\approx2.93,$$

近似矩形部分的面积 $h=1.21 \times 2.93 \approx 3.55$.

$$e=\frac{1}{2}(314-200)=57, f=\frac{1}{2}(157-100)=28.5,$$

$$S=e+f+g=e+\frac{3}{2}f-h \approx 96.$$

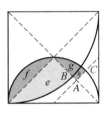

图 17-16

17.2　线性代数与面积法

可用面积来定义行列式. 如图 17-17 所示, 由原点 O 和 $A(a,c)$、$B(b,d)$ 确定的平行四边形 $OACB$ 的面积为 $ad-bc$, 用行列式表示时是 $\begin{vmatrix} a & c \\ b & d \end{vmatrix}$, 可按以下方法证明.

$$S_{\text{四边形}OACB}=(a+b)(c+d)-\frac{1}{2}ac-\frac{1}{2}b(2c+d)-\frac{1}{2}bd-\frac{1}{2}c(a+2b)=ad-bc.$$

也可以构造图 17-18 来证明.

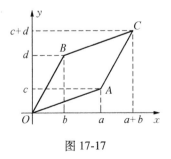

图 17-17　　　　　　　　　　　　　图 17-18

例 6 设平面上有不共线的三点 $A(x_1, y_1)$、$B(x_2, y_2)$ 和 $C(x_3, y_3)$，求 $S_{\triangle ABC}$.

解法 1 如图 17-19 所示，可得

$$S_{\triangle ABC} = S_{梯形ADFC} - S_{梯形ADEB} - S_{梯形BEFC}$$

$$= \frac{1}{2}(y_1 + y_3)(x_3 - x_1) - \frac{1}{2}(y_1 + y_2)(x_2 - x_1) - \frac{1}{2}(y_2 + y_3)(x_3 - x_2)$$

$$= \frac{1}{2}(x_1 y_2 + x_2 y_3 + x_3 y_1 - x_2 y_1 - x_3 y_2 - x_1 y_3) = \frac{1}{2}\begin{vmatrix} x_1 & y_1 & 1 \\ x_2 & y_2 & 1 \\ x_3 & y_3 & 1 \end{vmatrix}.$$

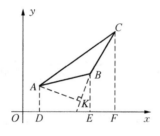

图 17-19

此处得到的是有向面积①. 当三个点的位置不同时，该有向面积有正负的变化. 而一般面积只考虑大小，可采用解法 2.

解法 2 直线 BC 的方程为

$$(y_2 - y_3)x - (x_2 - x_3)y + (x_2 y_3 - x_3 y_2) = 0.$$

点 A 到直线 BC 的距离为

$$|AK| = \frac{|(y_2 - y_3)x_1 - (x_2 - x_3)y_1 + (x_2 y_3 - x_3 y_2)|}{\sqrt{(x_2 - x_3)^2 + (y_2 - y_3)^2}},$$

---

① 如果已知平面上 n 个点的坐标，就可以求出这个 n 边形的有向面积，公式为

$$S = \frac{1}{2}\begin{vmatrix} x_1 & x_2 & x_3 & \cdots & x_n & x_1 \\ y_1 & y_2 & y_3 & \cdots & y_n & y_1 \end{vmatrix} = \frac{1}{2}(x_1 y_2 + x_2 y_3 + \cdots + x_n y_1 - x_2 y_1 - x_3 y_2 - \cdots - x_1 y_n).$$

这种特殊的"行列式"的计算方法与一般行列式类似.

$$|BC| = \sqrt{(x_2-x_3)^2 + (y_2-y_3)^2},$$

所以

$$S_{\triangle ABC} = \frac{1}{2}|AK| \cdot |BC| = \frac{1}{2}|(y_2-y_3)x_1 - (x_2-x_3)y_1 + (x_2y_3 - x_3y_2)|$$

$$= \frac{1}{2}\left\| \begin{matrix} x_1 & y_1 & 1 \\ x_2 & y_2 & 1 \\ x_3 & y_3 & 1 \end{matrix} \right\|.$$

例 7　已知两点 $A(1,1)$ 和 $B(3,6)$，点 $C(x,y)$ 使得 $\triangle ABC$ 的面积恒为 3，求点 C 的轨迹方程.

解　因为

$$S_{\triangle ABC} = \left| \frac{1}{2} \begin{vmatrix} 1 & 1 & 1 \\ 3 & 6 & 1 \\ x & y & 1 \end{vmatrix} \right| = \left| \frac{1}{2}|5x-2y-3| \right| = 3,$$

所以

$$5x-2y-9=0 \text{ 或 } 5x-2y+3=0.$$

这就是点 C 的轨迹方程.

例 8　在平面上任取三个格点（横、纵坐标都是整数的点），求证：它们不可能是正三角形的三个顶点.

证明　设三个格点为 $A(x_1,y_1)$、$B(x_2,y_2)$、$C(x_3,y_3)$，其中 x_i、y_i（$i=1$，2，3）都是整数，则

$$S_{\triangle ABC} = \frac{1}{2} \begin{vmatrix} x_1 & y_1 & 1 \\ x_2 & y_2 & 1 \\ x_3 & y_3 & 1 \end{vmatrix}$$

必为有理数.

当 $\triangle ABC$ 为正三角形时，可得

$$S_{\triangle ABC} = \frac{\sqrt{3}}{4}AB^2 = \frac{\sqrt{3}}{4}\left[(x_1-x_2)^2+(y_1-y_2)^2\right]$$

为无理数.

因此上述结论相互矛盾，故三个格点不能构成正三角形.

例 9 如图 17-20 所示，在抛物线上任取 A、B、C 三点，分别过这三个点作抛物线的切线，相交于 D、E、F 三点，求证：$\dfrac{S_{\triangle ABC}}{S_{\triangle DEF}} = 2$.

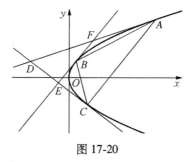

图 17-20

证明 设抛物线的方程为 $y^2 = 2px(p>0)$，A、B、C 三点的坐标分别为 (x_1, y_1)、(x_2, y_2)、(x_3, y_3)，则

$$S_{\triangle ABC} = \frac{1}{2}\left|(x_2-x_1)(y_3-y_1)-(y_2-y_1)(x_3-x_1)\right|$$

$$= \frac{\left|(y_3-y_1)(y_2-y_1)(y_2-y_3)\right|}{4p}.$$

若 A、B、C 三点都不和抛物线的顶点重合，此时所有切线的斜率都存在，易得

$$k_{DF} = \frac{p}{y_1}, \ k_{EF} = \frac{p}{y_2}, \ k_{DE} = \frac{p}{y_3},$$

那么三条切线的方程为

$$y-y_1=\frac{p}{y_1}(x-x_1),\ y-y_2=\frac{p}{y_2}(x-x_2),\ y-y_3=\frac{p}{y_3}(x-x_3).$$

解得 D、E、F 三点的坐标分别为

$$D\left(\frac{y_1y_3}{2p},\frac{y_1+y_3}{2}\right),\ E\left(\frac{y_2y_3}{2p},\frac{y_2+y_3}{2}\right),\ F\left(\frac{y_1y_2}{2p},\frac{y_1+y_2}{2}\right).$$

所以

$$S_{\triangle DEF}=\frac{1}{2}\left|\left(\frac{y_2y_3}{2p}-\frac{y_1y_3}{2p}\right)\left(\frac{y_1+y_2}{2}-\frac{y_1+y_3}{2}\right)-\left(\frac{y_2+y_3}{2}-\frac{y_1+y_3}{2}\right)\left(\frac{y_1y_2}{2p}-\frac{y_1y_3}{2p}\right)\right|$$

$$=\frac{|(y_3-y_1)(y_2-y_1)(y_2-y_3)|}{8p}.$$

所以

$$\frac{S_{\triangle ABC}}{S_{\triangle DEF}}=2.$$

当 A、B、C 三点中有一点和抛物线的顶点重合时，容易验证结论也成立.

进一步探究后容易发现：对椭圆和双曲线的一支来说，切点三角形与外切三角形的面积之比，一个小于 2，一个大于 2. 因此，我们可以根据切点三角形与外切三角形的面积比与 2 的大小关系来判定圆锥曲线的类型.

17.3　几何概型与面积法

在古代，有人利用出入相补的思想，化曲为直计算圆的面积（见图 17-21），将圆的面积近似地转化为八边形的面积. 列出等式 $\frac{\pi r^2}{(2r)^2}=\frac{7}{9}$，得 $\pi=\frac{28}{9}\approx3.111$. 这样计算圆周率，结果与精确值相去甚远，但胜在简便.

1777 年，数学家布丰设计了投针实验计算圆周率. 根据同样的原理，可以通过投豆实验计算圆周率（见图 17-22）. 在正方形中随机投豆，记录投豆的次数 n 和豆落在圆内的次数 k. 当投豆次数足够多时，$\frac{4k}{n}$ 的计算结果就是圆周率的近似值.

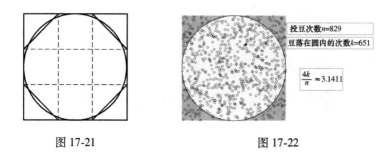

图 17-21   图 17-22

17.4　面积法还能走多远

我们看到，利用面积关系，不仅能解各种各样的题目，而且能在此基础上发展一般的理论，如面积坐标的理论．

走出平面几何的圈子，继续向前，还能走多远呢？

容易想到，在立体几何中，利用长度、角度与面积、体积的关系，同样可以找到有力的解题方法．确实，已经有人通过体积计算建立了"立体角正弦"的定义，并证明了空间的正弦定理．同样，也可以建立体积坐标、高维的重心坐标，并使其成为有力的解题工具．

在平面上，还有事可做．如果不限于研究直线形的面积，而进一步研究曲线所包围的面积，那么就进入高等数学的领域．古希腊数学家计算曲线所围区域的面积的方法和积分法是相通的．微积分中的一个基本极限式 $\frac{\sin x}{x} \to 1\,(x \to 0)$ 就建立在面积包含关系之上，级数论中重要的阿贝尔恒等式也可用面积关系来直观表示．

我们可以利用面积来建立某些函数的定义．例如，可以把"$\sin x$"定义为"边长为 1、夹角为 x 的菱形的面积"，这样从定义出发就能推导出函数 $\sin x$ 的一系列基本性质（参看《一线串通的初等数学》一书）．

另外，还可以在直角坐标系中画出 $y = \frac{1}{x}$ 的曲线，然后把直线 $x = 1$、直线 $x =$

t、x 轴以及该曲线所围成的区域的面积定义为 $\ln t$（见图 17-23）. 这样也很容易推导出函数 $\ln t$ 的很多基本性质，譬如 $\ln(t_1 t_2) = \ln t_1 + \ln t_2$，$\ln 1 = 0$，等等. 这样定义直观具体，比从 e^t 的反函数定义在理论上更简洁. 国内外出版的一些微积分教材已经开始采用这种方法了（参看《直来直去的微积分》一书）.

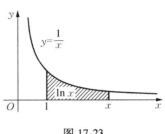

图 17-23

从简单的问题出发，可以得到深刻的概念，这是一件十分有趣的事情.

林群院士曾从一个简单的不等式 $|f(x+h) - f(x) - f'(x)h| \leqslant Mh^2$ 出发，推导出微积分的基本体系（参看《微积分快餐》一书）.

我们可以用一个极其简单的特例来记忆、理解这个表达式. 图 17-24 就是我们熟悉的平方和公式的几何构造：$(x+h)^2 = x^2 + h^2 + 2xh$. 可设 $f(x) = x^2$，则 $f'(x) = 2x$. 令 $M = 1$，则 $|(x+h)^2 - x^2 - 2xh| \leqslant h^2$.

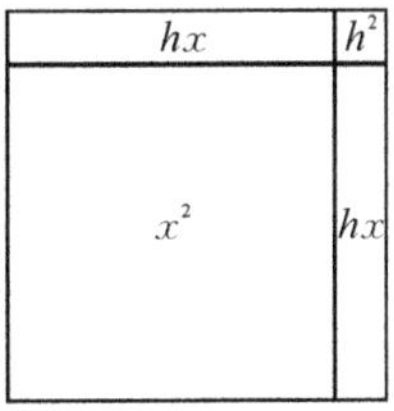

图 17-24

有这么一个童话：一个孩子得到一个奇妙的线球，线球在地上向前滚去，留下一根细细的银线. 孩子沿着这根闪光的银线向前走去，看到无数奇花异草，发现了很多宝藏. 在数学的花园里，并不缺少这样的线球. 跟着它，可以向前走得很远，可以看到很多有趣的东西. 本书所谈的"面积"也可以算是一个小小的引人入胜的奇妙线球吧！

附录 ▶▶▶
勾股定理的万能证明

在第1章中，我们用两个三角形拼摆，得出了勾股定理的多种证法．这里我们将利用计算机给出勾股定理的多种证法．这种设计来自毕达哥拉斯的启发．

在西方，勾股定理又被称为毕达哥拉斯定理．相传古希腊数学家毕达哥拉斯在观察地板图案时发现了勾股定理．由于地板图案都是一样大小的正方形，所以毕达哥拉斯最先发现的是勾股定理对于等腰直角三角形成立（见附图1）．

十分巧合的是，我国古代也有类似的图形（见附图2）．不过这个图形不是从地板图案而来，而是将一个正方形纸板分成7份，然后重新进行组合．这算是益智游戏七巧板的一个应用吧．

如附图3所示，设计一种地板图案，你能从中发现勾股定理吗？若你一眼就能看出该图蕴含了勾股定理的三种证法，那么就说明你有不错的几何直觉！

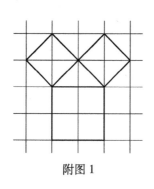
附图1

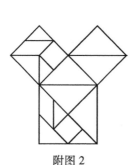
附图2

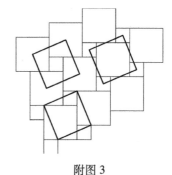
附图3

其实，图中的奥妙远不仅限于此．假如设计一块由一大一小两种正方形铺成的地板，然后我们拿一个正方形纸板（其边长的平方等于原来两个正方形的边长的平方和）随手往上一扔，就得到一种证法．扔到特殊位置时，面积分割起来就比较简单一点；而扔到一般位置时，面积分割起来就需要多下一些功夫．

为了更清楚地说明，我们用动态几何软件超级画板制作了一个课件《勾股定理的万能证明.zjz》．此课件使用起来很简单，只要拖动屏幕上的两个点，就能批量产生勾股定理的面积分割证明方法．大家有兴趣的话，可以发邮件向作者索要（pxc417 @126.com）．在网络画板平台上，也可以搜索到大量与勾股定理有关的课件．

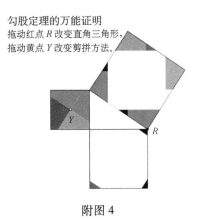

勾股定理的万能证明
拖动红点 R 改变直角三角形，
拖动黄点 Y 改变剪拼方法．

附图 4

打开课件后，出现的界面如附图 4 所示，这本身就是一种证明．为了让演示有序进行，我们先保持红点 R 不变，拖动黄点 Y，使之从左上方的顶点开始，沿逆时针方向绕正方形周界运动一圈（见附图 5 至附图 16）．

黄点 Y 在周界上绕完一周后．我们拖动它从左上方的顶点出发，在正方形内部缓慢移动（见附图 17 和附图 18）．

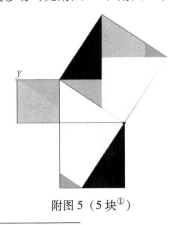

附图 5（5 块①）

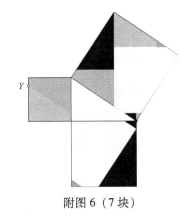

附图 6（7 块）

---

① 这里指将大正方形分成 5 块，余同。

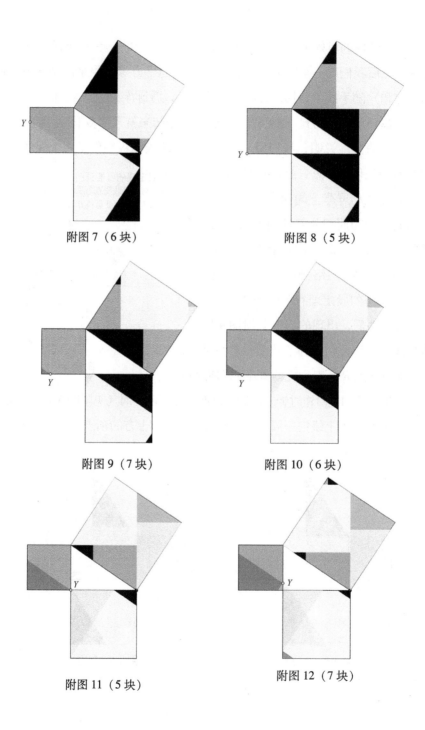

附图 7（6 块）

附图 8（5 块）

附图 9（7 块）

附图 10（6 块）

附图 11（5 块）

附图 12（7 块）

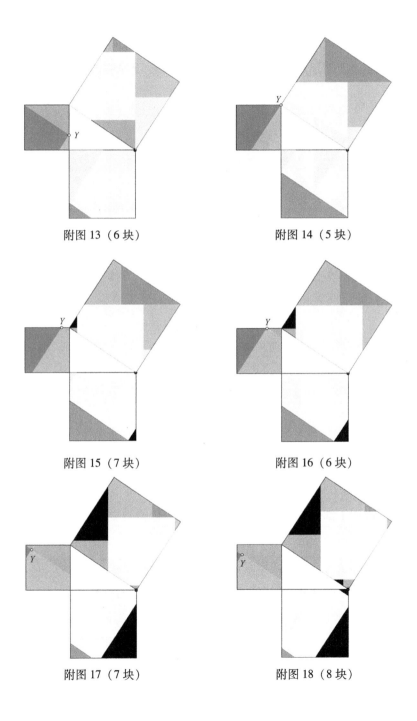

附图 13（6 块）

附图 14（5 块）

附图 15（7 块）

附图 16（6 块）

附图 17（7 块）

附图 18（8 块）

拖动黄点 Y，调整三角形的形状，此时黄点 Y 在直角边上较大的正方形内．我们仍然从左上方的顶点开始拖动黄点 Y（见附图 19 至附图 21）．

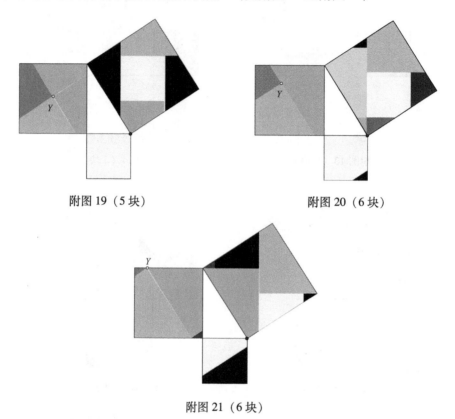

附图 19（5 块）　　　　　　　　　附图 20（6 块）

附图 21（6 块）

以上只截取了部分图片，只要有时间，就可以得到更多的证明．我们称之为万能证明，一点也不为过．

以上变化都是对直角三角形斜边上的正方形进行平移、分割的结果．如果考虑旋转，那么情况就会复杂得多．譬如，附图 22 所示的情形可不大容易看出来，还得进一步分割．

勾股定理的证明已经足够多了．多几种，少几种，影响并不大．但利用计算机软件批量生成证明方法，则是一件很有趣的事情，这也是过去难以想象的．采用先进的技术手段，用探索发现的心态去研究数学，能够看到更多的精彩内容.

附图 23 就是利用网络画板将赵爽弦图平铺开来而得到的一幅凹凸分明、错落有致的数学美景. 你还能看出每一个小方块都是以赵爽弦图为基本图形吗?

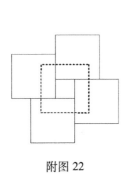

附图 22

附图 23

附图 24 则是利用网络画板做的勾股树. 勾三、股四、弦五, 源自《周髀算经》. 时至今日, 3、4、5 已成为最经典的一组勾股数, 人尽皆知. 从数的 "方"（平方）容易联想到形的 "方"（正方形）. 从一个直角三角形出发, 分别以其三边为边长向外作正方形, 斜边上的正方形的面积等于两条直角边上的正方形面积之和, 此称为勾股图. 继续进行下去, 不断地利用勾股定理对一个正方形进行分解, 得到 2 个正方形、4 个正方形、8 个正方形……分割到一定次数时则形成树状,

附图 24

此称为勾股树. 仔细观察, 你可发现勾股树中的勾股图都是相似的, 只不过大小不同罢了. 手工绘制这样的图形实在太辛苦了, 但抓住其相似性, 利用计算机的迭代功能, 就比较轻松了, 甚至还可以做出动态效果.

参考文献

[1] 张景中. 面积关系帮你解题 [M]. 上海：上海教育出版社，1982.

[2] 张景中. 新概念几何 [M]. 北京：中国少年儿童出版社，2002.

[3] 张景中，曹培生. 从数学教育到教育数学 [M]. 北京：中国少年儿童出版社，2005.

[4] 张景中. 几何新方法和新体系 [M]. 北京：科学出版社，2009.

[5] 张景中. 一线串通的初等数学 [M]. 北京：科学出版社，2009.

[6] 张景中，彭翕成. 数学教育技术 [M]. 北京：高等教育出版社，2009.

[7] 张景中，彭翕成. 绕来绕去的向量法 [M]. 北京：科学出版社，2010.

[8] 张景中，彭翕成. 面积关系帮你解题 [M]. 第3版. 合肥：中国科学技术大学出版社，2016.

后记 ▶▶▶

曾听北京航空航天大学李尚志先生讲解"子空间"的概念，其中一段大意如下：要判断一个空间是不是另外一个空间的子空间，关键要检验这个空间所使用的是不是原来空间的运算规则（加法和数乘）. 只有继承了人家的核心技术，你才能称为人家的弟子. 张三丰出身少林，但后来自创武功，不再用原来少林派的武功了，所以武当并不能看作少林的子空间.

我自认为一直按照张师景中先生的教诲从事研究，可我到现在还不大敢以张师门下弟子自居. 张师学问之精妙，非我所能领悟和继承，正如孔子与子夏论诗曰："窥其门，未入其室，安见其奥藏之所在乎？前高岸，后深谷，泠泠然不见其里，所谓深微者也."

跟随张师，是我人生中的大转折，这也是让很多人羡慕的. 难以想象，如果没有遇上张师，我的人生会是一个什么样子？幸好，我不需要这个假设.

张师博学多才，著作等身，看张师书，其才气纵横；听张师言，如醍醐灌顶. 张师虽年过八十，但与人交流时思如泉涌，能够不断提出好的想法. 张师修身处世，温良恭俭让，仰之弥高，瞻之弥远，让我常发望洋兴叹之感. 有生之年，倘能得张师十之一二，于愿足矣.

长江后浪推前浪，这是社会发展的大规律，对于某一个个体而言却未必. 以我个人观察，弟子能够胜过老师的并不多，大多数人只是继承前辈的学说，顶多做些小修小补，做些注解. 只有极少数天才的出现才能破除陈规，大大推进学科的发展.

张师教了我不少，可我吸收的不多. 信息在传递过程中受到损耗是难以避免的，但损耗太多是让人惋惜的事情. 这应该归责于我的数学基础和领悟能力. 可既成事实，我也只能把自己所得之浅见整理成文，传播开来，让更多的人从中受益，使得张师花费在我身上的心血能够尽可能大地发挥效益.

本书的主要思想是由张师提出来的，其中也包含我学习张师面积法的心得与体会. 倘若你在书中发现了一些精妙解法，那十之八九来自张师，而其中的"低级错误"必定来自我.

张师要求我所写的书里至少有 80% 的内容能够单独成文发表，这就好像军队，合是一支劲旅、协调一致，分则兵能为将、独当一面. 写作应具有原创性，相当部分的内容是在其他书上看不到的. 只有做到这一点，别人才会买你的书. 否则，为什么要买你的书呢？要做开先河的人，而不能随波逐流、人云亦云.

张师提出这样的要求是因为他太清楚现在的出书状况了，很多作者以普及为由，拼凑成书. 那些内容合起来确实是一本书，但如果分开单独发表，则会被人告为抄袭，或者被认为老生常谈，没有新意，不能发表.

我努力朝着张师的要求前进，虽不能至，然心向往之. 本书基本上符合这一点，大部分章节都曾拆成文章发表在杂志上. 本书初次出版时，刘祖希、胡晋宾、杨春波三位老师帮助审校了全书；此次再版得到了刘朋编辑的大力支持，李有贵、聂海波、曹亚云、王石四位老师帮助审校了全书. 在此，一并表示感谢.

2021 年国庆节于武昌桂子山